医用物理学学习指导

主编 李旭光 谢 定

中南大学出版社
www.csupress.com.cn
·长沙·

内容简介

　　本书是按照教育部高等学校物理基础课程教学指导委员会制定的"理工科大学物理课程教学基本要求",结合医药类专业物理课程的特点编写而成的。全书共15章,按与之配套的教材的内容体系分基本要求、本章提要、典型例题、思考题与习题解答、自测题五部分,同时还附了二套模拟测试题及答案。本书适合高等医药院校各专业使用,也可供其他专业的师生作为参考。

前　言

　　《医用物理学》是高等医学院校一门重要的基础理论课程。它所阐述的基本概念、基本规律和基本方法，不仅是学生继续学习专业课程的基础，而且也是培养和提高学生科学素质、科学思维方法、科技创新能力的重要手段。为了适应医学教育改革的发展，全面推进素质教育，更好地贯彻少而精的原则，让学生能用较少的时间掌握较多的现代医学所需的物理知识，提高学生自学能力和分析问题、解决问题的能力。我们按照教育部高等学校物理基础课程教学指导委员会制定的"理工科大学物理课程基本要求"，结合医药类专业物理课程的特点，编写了《医用物理学学习指导》这本教材，是李旭光、谢定主编的21世纪高等学校规划教材《医用物理学》的配套教材。

　　本书分章编写，每章均由以下部分组成：基本要求、本章提要、典型例题、思考题与习题解答、自测题。

　　"基本要求"部分，以教学大纲为主，要求学生明确本章的重点和难点，分清掌握、理解和了解的内容；"本章提要"部分提示教学内容的要点，引导学生复习本章的基本内容和重点内容；"典型例题"部分帮助学生总结解题方法和解题技巧；"思考题与习题解答"部分，给出每题的详细解答，供学生与自己所作解答对比使用；"自测题"部分，通过选择题、填空题和计算题等的练习，强化学生对所学知识的掌握，自测题给出了答案。书后附有两套模拟试题及答案，以供学生自测。

　　本学习指导是复习《医用物理学》内容的有力工具，可以使学生掌握教材中的重点、难点及需了解的内容，使学生能在学习中掌握物理学知识，做到学有所获。

　　本书由李旭光、谢定主编，参加编写的人员有李旭光、欧阳俊、谭小红、曾小青、谢定。在编写过程中得到中南大学物理与电子学院和中南大学出版社的大力支持，在此一并表示感谢！

　　由于编者的水平有限，疏漏和错误之处在所难免，恳请广大老师和读者批评指正。

编　者

目　录

第一章　力学基本定律

一、基本要求

1. 掌握描述质点运动状态的方法，掌握参照系、位移、速度、加速度、角速度和角加速度的概念。

2. 掌握牛顿运动定律、转动定律，理解惯性系和非惯性系、保守力和非保守力的概念。

3. 掌握动量守恒定律、动能定理、角动量守恒定律。

4. 理解力、力矩、动量、动能、功、转动惯量和角动量的概念。

5. 了解生物组织的力学性质。

二、本章提要

1. 运动方程

$$\vec{r} = \vec{r}(t) = x(t)\vec{i} + y(t)\vec{j} + z(t)\vec{k}$$

2. 速度

平均速度　$\overline{\vec{v}} = \dfrac{\Delta \vec{r}}{\Delta t}$　　　　　速度　$\vec{v} = \dfrac{d\vec{r}}{dt}$

平均速率　$\overline{v} = \dfrac{\Delta s}{\Delta t}$　　　　　速率　$v = \dfrac{ds}{dt}$

3. 加速度

平均加速度　$\overline{\vec{a}} = \dfrac{\Delta \vec{v}}{\Delta t}$　　　加速度　$\vec{a} = \dfrac{d\vec{v}}{dt} = \dfrac{d^2\vec{r}}{dt^2}$

4. 圆周运动

角速度 $\omega = \dfrac{d\theta}{dt} = \dfrac{v}{R}$　　　　　角加速度　$\beta = \dfrac{d\omega}{dt} = \dfrac{d^2\theta}{dt}$

切向加速度 $a_\tau = \dfrac{dv}{dt} = R\beta$　　　法向加速度　$a_n = \dfrac{v^2}{R} = R\omega^2$

5. 牛顿运动定律

牛顿第一定律：任何物体都保持静止或匀速直线运动状态，直至其他物体所施的力迫使它改变这种运动状态为止。

牛顿第二定律：物体受到作用力时所获加速度的大小与物体所受合外力的大小成正比，与物体质量成反比，加速度 a 的方向与合外力 F 的方向相同，即 $\vec{F} = m\vec{a} = \dfrac{d\vec{P}}{dt}$。

牛顿第三定律：力总是成对出现的。当物体 A 以力 F_1 作用于物体 B 时，物体 B 也必定以力 F_2 作用于物体 A，F_1 和 F_2 总是大小相等，方向相反，作用在一条直线上。

6. 惯性系和非惯性系

牛顿运动定律成立的参考系称为惯性系。牛顿运动定律不成立的参考系称为非惯性系。

7. 变力的功

$$W = \int \vec{F} \cdot \mathrm{d}\vec{r} = \int (F_x \mathrm{d}x + F_y \mathrm{d}y + F_z \mathrm{d}z)$$

保守力的功 $\qquad W_{ab} = -\Delta E_p = E_{pa} - E_{pb}$

8. 动能定理

$$W = E_{k2} - E_{k1} = \Delta E_k$$

9. 功能原理

$$W_{外} + W_{非保守内力} = E - E_0$$

10. 机械能守恒定律

$$\Delta E_k = -\Delta E_p (条件\ W_{外} + W_{非保守内力} = 0)$$

11. 冲量

$$\vec{I} = \int_{t_1}^{t_2} \vec{F} \mathrm{d}t$$

12. 动量定理

$$\vec{I} = m\vec{v}_2 - m\vec{v}_1 = \Delta \vec{p}$$

质点系的动量定理 $\qquad \vec{p}_{系统末态} - \vec{p}_{系统初态} = \Delta \vec{p}$

13. 动量守恒定律

$$\vec{p} = \sum_{i=1}^{n} \vec{p}_i = 恒矢量 \qquad (条件\ \sum_i \vec{F}_i = 0)$$

14. 定轴转动的角量描述

$$\theta = \theta(t) \qquad \omega = \frac{\mathrm{d}\theta}{\mathrm{d}t} \qquad \beta = \frac{\mathrm{d}\omega}{\mathrm{d}t}$$

15. 转动定律

$$M = J\frac{\mathrm{d}\omega}{\mathrm{d}t} = J\beta$$

(其中：力矩 $\vec{M} = \vec{r} \times \vec{F}$；转动惯量 $J = \sum \Delta m_i r_i^2$)

16. 定轴转动力(矩)做的功

$$W = \int_{\theta_1}^{\theta_2} M \mathrm{d}\theta$$

17. 定轴转动中的动能定理

$$W = \frac{1}{2}J\omega_2^2 - \frac{1}{2}J\omega_1^2 \quad (其中\ E_k = \frac{1}{2}J\omega^2\ 为转动动能)$$

18. 刚体的机械能守恒定律

$$E_k + E_p = \frac{1}{2}J\omega^2 + mgh_c = 常量(条件：只有重力做功)$$

19. 刚体的角动量定律

$$\int_{t_1}^{t_2} M \mathrm{d}t = L_2 - L_1$$

（其中角动量：$L = J\omega$；冲量矩：$\int_{t_1}^{t_2}M\mathrm{d}t$）

20. 角动量守恒定律

$$L = L_0 = 常量（条件：合外力矩 M = 0）$$

21. 陀螺进动角速度

$$\omega_P = \frac{\mathrm{d}\varphi}{\mathrm{d}t} = \frac{mgr_c}{L}$$

三、典型例题

例 1-1　已知质点的运动方程为 $x = 6t^2 - 2t^3$，式中 t 以秒计，x 以米计，试求：（1）质点在第 2 秒内的平均速度；（2）第 3 秒末的速度；（3）第 1 秒末的加速度。

解：利用速度和加速度的定义可求得

$$v = \frac{\mathrm{d}x}{\mathrm{d}t} = 12t - 6t^2$$

$$a = \frac{\mathrm{d}v}{\mathrm{d}t} = 12 - 12t$$

（1）第 2 秒内的平均速度是指从 $t = 1\mathrm{s}$ 到 $t = 2\mathrm{s}$ 时间间隔内的平均速度，即

$$\bar{v} = \frac{x(2) - x(1)}{2 - 1} = \frac{6\times2^2 - 2\times2^3 - (6\times1^2 - 2\times1^3)}{2 - 1} = 4(\mathrm{m\cdot s^{-1}})$$

（2）第 3 秒末的速度是指 $t = 3\mathrm{s}$ 时刻的瞬时速度，将 $t = 3\mathrm{s}$ 代入速度表达式有

$$v|_{t=3} = 12\times3 - 6\times3^2 = -18(\mathrm{m\cdot s^{-1}})$$

（3）第 1 秒末的加速度是指 $t = 1\mathrm{s}$ 时刻的瞬时加速度，将 $t = 1\mathrm{s}$ 代入加速度表达式有

$$a|_{t=1} = 12 - 12\times1 = 0$$

说明：在直线运动中位移、速度和加速度等矢量通常不采用矢量形式表示，而在标量前用正负表示方向。

例 1-2　一质量为 m 的汽车沿一水平直线运动，刹车后汽车受到与速度成正比的阻力作用，设阻力系数为 k，刹车时的初速度为 v_0，求刹车后的运动方程和汽车最多能行进的最远距离。

解：由牛顿第二定律和已知条件可得

$$m\frac{\mathrm{d}v}{\mathrm{d}t} = -kv$$

对上式分离变量并两边积分

$$\int_{v_0}^{v}\frac{\mathrm{d}v}{v} = \int_0^t(-\frac{k}{m})\mathrm{d}t$$

得

$$\ln\frac{v}{v_0} = -\frac{kt}{m}$$

$$v = v_0\mathrm{e}^{-\frac{kt}{m}}$$

因为

$$v = \frac{\mathrm{d}x}{\mathrm{d}t}$$

所以

$$x = \int_0^t v\mathrm{d}t = \int_0^t v_0\mathrm{e}^{-\frac{kt}{m}}\mathrm{d}t = \frac{mv_0}{k}(1 - \mathrm{e}^{-\frac{kt}{m}})$$

当 $t \to \infty$ 时，可得汽车能行进最远距离为

$$x_{\max} = \frac{mv_0}{k}$$

例 1 - 3 一根均质链条质量为 m，总长为 l，一部分放在摩擦系数为 μ 的桌子上，另一部分从桌面下垂，问：(1) 当下垂长度 a 为多大时，链条开始下滑？(2) 当下垂长度为 a 时开始下滑，链条全部离开桌面瞬时的速率为多少？

解： (1) 首先分析当链条下垂长度为 a 时，两部分链条的受力情况，见图 1 - 3b，要使链条下滑，下滑部分的重力必须大于或等于桌上部分所受的摩擦力，即有

$$\frac{m}{l}ag \geqslant \mu\frac{m}{l}(l-a)g$$

解得 $a \geqslant \dfrac{\mu l}{1+\mu}$，即当下垂长度 a 为 $\dfrac{\mu l}{1+\mu}$ 时，链条开始下滑。

(2) 链条下滑后设下垂部分为 x，两部分链条的受力分析如图 1 - 3c 所示，然后分别应用牛顿第二定律列出方程

$$\frac{m}{l}xg - T = \frac{m}{l}xa_2$$

$$T - \mu\frac{m}{l}(l-x)g = \frac{m}{l}(l-x)a_1$$

因为

$$a_1 = a_2 = \frac{\mathrm{d}v}{\mathrm{d}t}$$

由上面三式可得

$$\frac{m}{l}xg - \mu\frac{m}{l}(l-x)g = m\frac{\mathrm{d}v}{\mathrm{d}t}$$

上式两边乘以 $\mathrm{d}x$ 并求积分

$$\int_0^v v\mathrm{d}v = \int_a^l \left[\frac{x}{l}g - \frac{\mu}{l}(l-x)g\right]\mathrm{d}x$$

两边积分有

$$\frac{1}{2}v^2 = \frac{l^2 - a^2}{2l}g - \frac{\mu(l-a)^2}{2l}g$$

把 $a = \dfrac{\mu l}{1+\mu}$ 代入上式并化简解得

$$v = \sqrt{\frac{gl}{1+\mu}}$$

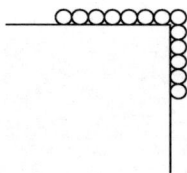

例 1 - 3a 图

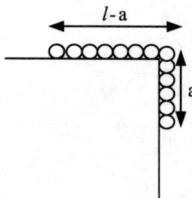

例 1 - 3b 图

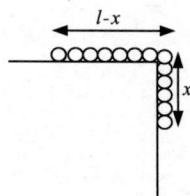

例 1 - 3c 图

例 1 - 4 一飞轮的直径为 0.3m，质量为 5kg，边缘绕有绳子。现有恒力拉绳子的一端，使其由静止均匀地加速，经 0.5s 后角速度达到 10 转/秒。假设飞轮可看作实心圆柱体，求：

(1) 飞轮的角加速度及在这段时间内转过的圈数；

(2) 拉力的大小及在这段时间内拉力所做的功；

(3) 开始拉动后，$t = 10$s 时飞轮的角速度和轮边缘上一点的速度和加速度。

解：(1) 飞轮做匀加速转动且初角速度为零，则有 $\beta = \dfrac{\omega}{t} = \dfrac{10 \times 2\pi}{0.5} = 125.6 (\text{rad} \cdot \text{s}^{-2})$

飞轮在 0.5s 内转过的圈数为 $N = \dfrac{\theta}{2\pi} = \dfrac{\beta t^2}{4\pi} = \dfrac{125.6 \times 0.25}{4\pi} = 2.5$

(2) 实心圆柱体的转动惯量为 $J = \dfrac{1}{2}mr^2$，由刚体的转动定律 $M = J\beta$ 可得

$$Fr = \frac{1}{2}mr^2\beta，所以 F = \frac{1}{2}mr\beta = \frac{1}{2} \times 5 \times 0.15 \times 125.6 = 47.1(\text{N})$$

由刚体的转动动能定理，可得这段时间内拉力所做的功为

$$W = \frac{1}{2}J\omega^2 = \frac{1}{2} \times \frac{1}{2} \times 5 \times 0.15^2 \times (20\pi)^2 = 111(\text{J})$$

(3) 当 $t = 10$s 时，飞轮的角速度为

$$\omega = \beta t = 125.6 \times 10 = 1256(\text{rad} \cdot \text{s}^{-1})$$

轮边缘上一点的速度为

$$v = \omega r = 1256 \times 0.15 = 188.4(\text{m} \cdot \text{s}^{-1})$$

轮边缘上一点的加速度为

$$a_\tau = \beta r = 125.6 \times 0.15 = 18.84(\text{m} \cdot \text{s}^{-2})，方向指向切线方向$$
$$a_n = \omega^2 r = 1256^2 \times 0.15 = 236630(\text{m} \cdot \text{s}^{-2})，方向指向圆心$$

合加速度几乎与法向加速度相同。

例 1 - 5 如例 1 - 5 图所示装置，定滑轮的半径为 r，绕转轴的转动惯量为 J，滑轮两边分别悬挂质量为 m_1 和 m_2 的物体 A、B。A 置于倾角为 θ 的斜面上，它和斜面间的摩擦系数为 μ，若 B 向下做加速运动时，求：(1) 其下落的加速度大小；(2) 滑轮两边绳子的张力。(设绳的质量及伸长均不计，绳与滑轮间无滑动，滑轮轴光滑)

解：由于绳与滑轮无相对运动，由运动状态分析，A 和 B 的加速度大小相等，滑轮边缘上一点的切向加速度也与 A、B 的加速度相等。分别对 A、B 和滑轮进行受力分析，如例 1 - 5a 图所示，应用隔离体法，由牛顿第二定律和刚体的转动定律有

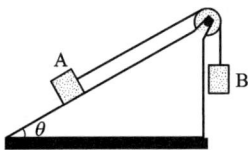

例 1 - 5 图

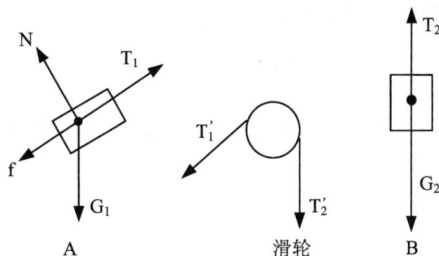

例 1 - 5a 图

物体 A

$$m_1 g\cos\theta = N$$

$$T_1 - f - m_1 g\sin\theta = m_1 a$$

$$f = \mu N$$

物体 B $\qquad m_2 g - T_2 = m_2 a$

滑轮 $\qquad T'_2 r - T'_1 = J\beta$

又有 $\qquad T_1 = T'_1 \quad T_2 = T'_2 \quad a = r\beta$

联立上面各式得

$$a = \frac{m_2 g - m_1 g\sin\theta - \mu m_1 g\cos\theta}{m_1 + m_2 + J/r^2}$$

$$T_1 = \frac{m_1 m_2 g(1 + \sin\theta + \mu\cos\theta) + (\sin\theta + \mu\cos\theta)m_1 g J/r^2}{m_1 + m_2 + J/r^2}$$

$$T_2 = \frac{m_1 m_2 g(1 + \sin\theta + \mu\cos\theta) + m_2 g J/r^2}{m_1 + m_2 + J/r^2}$$

例 1-6 长为 l 质量为 m 的匀质杆，可绕过垂直于纸面的 O 轴转动，令杆到水平位置由静止摆下，在铅直位置与质量为 $m/2$ 的物体发生完全弹性碰撞，碰后物体沿摩擦系数为 μ 的水平面滑动，试求此物体滑过的距离 s。

解: 杆由水平位置下摆到铅直位置过程中，只有重力做功，由杆和地面上的物体组成的系统机械能守恒，有

$$\frac{1}{2}mgl = \frac{1}{2} \times \frac{1}{3}ml^2 \omega_0^{\,2}$$

解得

$$\omega_0 = \sqrt{\frac{3g}{l}}$$

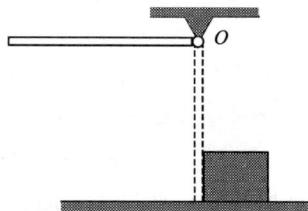

例 1-6 图

杆和质量为 $m/2$ 的物体所组成的系统，在碰撞时，合外力矩为零，角动量守恒，又因为是完全弹性碰撞，动能也守恒，有

$$\frac{1}{3}ml^2 \omega_0 = \frac{1}{3}ml^2 \omega + l\frac{m}{2}v$$

$$\frac{1}{2} \times \frac{1}{3}ml^2 \omega_0^{\,2} = \frac{1}{2} \times \frac{1}{3}ml^2 \omega^2 + \frac{1}{2} \times \frac{m}{2}v^2$$

由上面两式解得

$$v = \frac{4}{5}\omega_0 l$$

碰撞后物体沿摩擦系数为 μ 的水平面滑动时，由动能定理有

$$\frac{1}{2} \times \frac{m}{2}v^2 = \mu\frac{m}{2}gs$$

解得

$$s = \frac{v^2}{2\mu g} = \frac{16\omega_0^{\,2}l^2}{2 \times 25\mu g} = \frac{16 \times 3gl^2}{50\mu gl} = \frac{24l}{25\mu}$$

四、思考题与习题解答

1-1 回答下列问题：(1)位移和路程有何区别？两者何时量值相等？何时并不相等？(2)平均速度和平均速率有何区别？速度与速率有何区别？

答：(1)位移是矢量，是由初始位置指向终点位置的有向线段。路程是标量，是质点沿轨迹运动所经路径的长度。当质点作单向的直线运动时两者数值相等。除此之外二者不相等。路程的大小大于位移的大小。(2)平均速度是位移除以时间，是矢量。平均速率是路程除以时间，是标量。一般来说，平均速率大于平均速度的大小。速度是位置矢量对时间的一阶导数，是矢量。速率是路程对时间的一阶导数，是标量。瞬时速度的大小等于瞬时速率。

1-2 $|\Delta \vec{r}|$ 与 Δr 有无不同？$\left|\dfrac{\mathrm{d}\vec{r}}{\mathrm{d}t}\right|$ 和 $\left|\dfrac{\mathrm{d}r}{\mathrm{d}t}\right|$ 有无不同？$\left|\dfrac{\mathrm{d}\vec{v}}{\mathrm{d}t}\right|$ 和 $\dfrac{\mathrm{d}v}{\mathrm{d}t}$ 有无不同？其不同在哪里？

解：(1) $|\Delta \vec{r}|$ 是位移的模，Δr 是位置矢量的模的增量，即 $|\Delta \vec{r}| = |\vec{r}_2 - \vec{r}_1|$，$\Delta r = |\vec{r}_2| - |\vec{r}_1|$；

(2) $\left|\dfrac{\mathrm{d}\vec{r}}{\mathrm{d}t}\right|$ 是速度的模，即 $\left|\dfrac{\mathrm{d}\vec{r}}{\mathrm{d}t}\right| = |\vec{v}| = \dfrac{\mathrm{d}s}{\mathrm{d}t}$。

$\dfrac{\mathrm{d}r}{\mathrm{d}t}$ 只是速度在径向上的分量。

(3) $\left|\dfrac{\mathrm{d}\vec{v}}{\mathrm{d}t}\right|$ 表示加速度的模，即 $|\vec{a}| = \left|\dfrac{\mathrm{d}\vec{v}}{\mathrm{d}t}\right|$，$\dfrac{\mathrm{d}v}{\mathrm{d}t}$ 是加速度 $\vec{a}$ 在切向上的分量。

1-3 下列表述有错误吗？如有错误，请改正。

(1) $\Delta \vec{r} = r_2 - r_1$；   (2) $\Delta \vec{r} = \vec{v}\mathrm{d}t$；

(3) $\mathrm{d}\vec{r} = \vec{r}_2 - \vec{r}_1$；   (4) $\mathrm{d}\vec{I} = t\mathrm{d}\vec{F}$；

(5) $\Delta \vec{I} = \vec{F}\Delta t$；   (6) $W = \vec{F} \cdot \mathrm{d}\vec{r}$；

(7) $W = \displaystyle\int_a^b \vec{F} \times \mathrm{d}\vec{r}$；

(8) $\vec{F} \cdot \mathrm{d}\vec{r} = \dfrac{1}{2}mv_2^2 - \dfrac{1}{2}mv_1^2$，$\Delta W = \dfrac{1}{2}mv_2^2 - \dfrac{1}{2}mv_1^2$。

答：上述表述均有错，每式分别应改为

(1) $\Delta \vec{r} = \vec{r}_2 - \vec{r}_1$；   (2) $\Delta \vec{r} = \displaystyle\int_{t_1}^{t_2} \vec{v}\mathrm{d}t$；

(3) $\Delta \vec{r} = \vec{r}_2 - \vec{r}_1$；   (4) $\mathrm{d}\vec{I} = \vec{F}\mathrm{d}t$；

(5) $\Delta \vec{I} = \overline{\vec{F}}\Delta t$；   (6) $\mathrm{d}W = \vec{F} \cdot \mathrm{d}\vec{r}$；

(7) $W = \displaystyle\int_a^b \vec{F} \cdot \mathrm{d}\vec{r}$；

(8) $\displaystyle\int_{r_1}^{r_2} \vec{F} \cdot \mathrm{d}\vec{r} = \dfrac{1}{2}mv_2^2 - \dfrac{1}{2}mv_1^2$，$W = \dfrac{1}{2}mv_2^2 - \dfrac{1}{2}mv_1^2$。

1-4 两个圆盘用密度不同的金属制成的，但质量和厚度都相等，问哪个圆盘具有较大的转动惯量？飞轮的质量主要分布在边缘上，有什么好处？

答：密度小的圆盘的转动惯量大。因为 $m = \rho\pi r^2 d$，$J = \frac{1}{2}mr^2$，所以密度小的半径大，转动惯量也大。飞轮的质量主要分布在边缘上，可增加飞轮的转动惯量，飞轮转动过程中，它的惯性就大，转得平稳些，受到外力矩作用时，更能保持原来的运动状态。

1-5 将一个生蛋和一个熟蛋放在桌上旋转，就可以判断哪个是生的，哪个是熟的，为什么？

答：如果鸡蛋转动得很顺利和转得久些，则为熟鸡蛋；反之，如果转动得不顺畅的，则为生鸡蛋。因为熟蛋被扭动时，蛋白蛋黄与蛋壳一同被扭动，故转得顺利。反之，生蛋被扭动时，只是蛋壳受力，而蛋白和蛋黄几乎未受力。由牛顿第一定律(惯性定律)可知，蛋白和蛋黄因惯性几乎停留不动。于是，蛋壳的转动就被蛋白和蛋黄拖慢了。

1-6 陀螺的运动有哪些特点？

答：陀螺的运动是定点运动，是在重力矩作用下的运动。一方面陀螺的自身轴绕竖直轴转动，另一方面，陀螺又绕自身轴转动。重力矩只改变陀螺角动量的方向，不改变陀螺角动量的大小。

1-7 质点沿 x 轴运动，其加速度和位置的关系为：$a = 2 + 6x^2 (\mathrm{SI})$，质点在 $x=0$ 处，速度为 $10\mathrm{m \cdot s^{-1}}$，试求质点速度与坐标的关系式。

解： 因为由物体的加速度和速度定义有 $a = \dfrac{\mathrm{d}v}{\mathrm{d}t} = \dfrac{\mathrm{d}v}{\mathrm{d}x}\dfrac{\mathrm{d}x}{\mathrm{d}t} = v\dfrac{\mathrm{d}v}{\mathrm{d}x}$

分离变量：
$$v\mathrm{d}v = a\mathrm{d}x = (2 + 6x^2)\mathrm{d}x$$

两边积分得
$$\frac{1}{2}v^2 = 2x + 2x^3 + c$$

由题知，$x=0$ 时，$v_0 = 10$，代入上式有 $c = 50$

于是
$$v = 2\sqrt{x^3 + x + 25}\ (\mathrm{m \cdot s^{-1}})$$

即为质点速度与坐标的关系式。

1-8 飞轮半径为 $0.4\mathrm{m}$，自静止启动，其角加速度 $\beta = 0.2\mathrm{rad \cdot s^{-1}}$，求 $t=2\mathrm{s}$ 时，边缘上各点的速度、法向加速度和切向加速度。

解： (1)飞轮边缘上的点做圆周运动，于是有 $v = \omega r$，即有飞轮边缘各点的速率为
$$v = \omega r = r\beta t$$

当 $t = 2\mathrm{s}$ 时，$v = 0.4 \times 0.2 \times 2 = 0.16(\mathrm{m/s})$

(2)当 $t = 2\mathrm{s}$ 时，由(1)可知飞轮边缘各点的法向加速度和切向加速度分别为
$$\vec{a}_n = \frac{v^2}{r}\vec{n} = r\omega^2\vec{n}, \quad \vec{a}_\tau = \frac{\mathrm{d}v}{\mathrm{d}t}\vec{\tau} = r\beta\vec{\tau}$$

即 $a_n = r\omega^2 = 0.4 \times (0.2 \times 2)^2 = 0.064(\mathrm{m/s^2})$

$a_\tau = r\beta = 0.4 \times 0.2 = 0.08(\mathrm{m/s^2})$

1-9 质量为 $0.25\mathrm{kg}$ 的物体，受力 $F = t\vec{i}(\mathrm{SI})$ 的作用，在 $t=0$ 时刻，该物体以 $v = 2\vec{j}\mathrm{m \cdot s^{-1}}$ 的速度通过坐标原点，求物体的运动方程。

解： 由已知条件物体的加速度为 $\vec{a} = \dfrac{\vec{F}}{m} = 4t\vec{i}$

考虑初条件，于是有
$$\vec{v} = \int_0^t \vec{a}\mathrm{d}t = \int_0^t 4t\vec{i}\mathrm{d}t = 2t^2\vec{i} + 2\vec{j}$$

即有物体的运动方程为 $\vec{r} = \int_0^t \vec{v}\,dt = \int_0^t (2t^2\vec{i} + 2\vec{j})\,dt = \frac{2}{3}t^3\vec{i} + 2t\vec{j}$。

1-10 摩托快艇以速率 v_0 行驶, 它受到的摩擦阻力与速度平方成正比, 设比例系数为常数 k, 则 $F = -kv^2$。设摩托快艇的质量为 m, 当摩托快艇发动机关闭后: (1)求速度 v 对时间的变化规律; (2)求路程 x 对时间的变化规律; (3)证明速度 v 与路程 x 之间有如下关系 $v = v_0 e^{-\frac{kx}{m}}$; (4)如果 $v_0 = 20\mathrm{m\cdot s^{-1}}$, 经过 15s 后, 速度降为 $v_t = 10\mathrm{m\cdot s^{-1}}$, 求 $\frac{k}{m}$; (5)画出 x、v、a 随时间变化的图形。

解: (1)由题可知, 发动机关闭后, 摩托快艇的加速度为 $a = \dfrac{F}{m} = \dfrac{-kv^2}{m}$

于是速度对时间的变化规律为 $\dfrac{dv}{dt} = \dfrac{-kv^2}{m}$

分离变量有 $-\dfrac{m}{kv^2}dv = dt$

对上式两边积分有 $\dfrac{m}{kv} + C = t$ （C 为常数）

当 $t=0$ 时, $v=v_0$, 则 $C = -\dfrac{m}{kv_0}$, 代入得 $\dfrac{m}{kv} - \dfrac{m}{kv_0} = t$, 即 $v = \dfrac{v_0}{1 + \dfrac{ktv_0}{m}}$

(2)又因为
$$\frac{dx}{dt} = v = \frac{v_0}{1+\dfrac{ktv_0}{m}} \qquad dx = \frac{v_0}{1+\dfrac{ktv_0}{m}}dt$$

两边积分有 $x = \dfrac{m}{k}\ln(1+\dfrac{ktv_0}{m}) + C$ （C 为常数）

当 $t=0$ 时, $x=0$, 于是 $C=0$, 即路程对时间的变化规律为
$$x = \frac{m}{k}\ln(1+\frac{ktv_0}{m})$$

(3)证明: 由(1)、(2)可知 $v = \dfrac{v_0}{1+\dfrac{ktv_0}{m}}$, $x = \dfrac{m}{k}\ln(1+\dfrac{ktv_0}{m})$

两式合并消去时间 t, 得
$$x = \frac{m}{k}\ln(\frac{v_0}{v})$$
$$\ln(\frac{v_0}{v}) = \frac{kx}{m}$$
$$v = v_0 e^{-\frac{kx}{m}}$$

(4)由 $v = \dfrac{v_0}{1+\dfrac{ktv_0}{m}}$, 得 $\dfrac{k}{m} = \dfrac{v_0-v}{v_0 vt}$, 当 $v_0 = 20\mathrm{m/s^2}$, $t=15\mathrm{s}$ 时, $v=10\mathrm{m/s}$, 有

$$\frac{k}{m} = \frac{20-10}{20 \times 10 \times 15} = \frac{1}{300}(\text{m}^{-1})$$

（5）略。

1-11　如习题 1-11 图所示，在密度为 ρ_1 的液体上方悬一长为 l，密度为 ρ_2 的均匀细棒 AB，棒的 B 端刚好和液面接触，今剪断细绳，设棒只在浮力和重力作用下下沉，求：（1）细棒刚好全部浸入液体时的速度；（2）若 $\rho_2 = \frac{\rho_1}{2}$，求细棒浸入液体的最大深度；（3）棒下落过程中所能达到的最大速率。

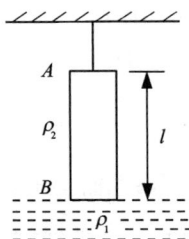

习题 1-11 图

解：（1）均匀细棒受重力和浮力的作用，于是细棒的加速度为

$$a = g - \frac{\rho_1 g h}{\rho_2 l}$$

又因为 $a = \frac{\mathrm{d}v}{\mathrm{d}t}$，$v = \frac{\mathrm{d}h}{\mathrm{d}t}$，得 $(g - \frac{\rho_1 g h}{\rho_2 l})\mathrm{d}h = v\mathrm{d}v$，两边积分有

$$\int_0^l (g - \frac{\rho_1 g h}{\rho_2 l})\mathrm{d}h = \int_0^v v\mathrm{d}v$$

由上式可得

$$v = \sqrt{\frac{(2\rho_2 - \rho_1)gl}{\rho_2}}$$

即为细棒刚好全部浸入液体时的速度。

（2）由（1）得 $(g - \frac{\rho_1 g h}{\rho_2 l})\mathrm{d}h = v\mathrm{d}v$，两边积分有 $gh - \frac{\rho_1 g h^2}{2\rho_2 l} = \frac{1}{2}v^2$，当细棒浸入液体有最大深度时，$v = 0$，而 $h \neq 0$，于是有 $h = \frac{2\rho_2 l}{\rho_1}$，又因为 $\rho_2 = \frac{\rho_1}{2}$，所以 $h = l$。

（3）当细棒下落到最大速率时有 $g - \frac{\rho_1 g h}{\rho_2 l} = 0$，则此时 $h = \frac{\rho_2 l}{\rho_1}$，由（2）有

$$v = \sqrt{2gh - \frac{\rho_1 g h^2}{\rho_2 l}} = \sqrt{\frac{\rho_2 g l}{\rho_1}}$$

1-12　一地下蓄水池，面积为 50m^2，贮水深度为 1.5m，假定水平面低于地面的高度是 5.0m，问要将这池水全部吸到地面，需做多少功？若抽水机的效率为 80%，输入功率为 35kW，则需多少时间可以抽完？

解：以地面为参考系且为零势能面，建立坐标系。由题可知，要将池水全部吸到地面，需做功

$$W = \int_5^{5+1.5} \rho g s h \mathrm{d}h = \frac{1}{2}\rho g s h^2 \Big|_5^{6.5} \approx 4.23 \times 10^6 (\text{J})$$

若抽水机效率为 80%，设需要的时间为 t，有

$$pt \times \eta = 4.23 \times 10^6 (\text{J})$$

由上式得

$$t = \frac{4.23 \times 10^6}{35 \times 10^3 \times 0.8} = 151(\text{s})$$

1-13　设 $\vec{F} = (7\vec{i} - 6\vec{j})\text{N}$：（1）当一质点从原点运动到 $\vec{r} = (-3\vec{i} + 4\vec{j} + 16\vec{k})\text{km}$ 时，求 F 所做的功；（2）如果质点到 $\vec{r}$ 处时需 0.6s，试求平均功率。

解：（1）由题可知，有 $\vec{w} = \vec{F} \cdot \vec{r}$，即　$w = (7\vec{i} - 6\vec{j}) \cdot (-3\vec{i} + 4\vec{j} + 16\vec{k}) = -45(\text{J})$

（2）质点到 $\vec{r}$ 处的平均功率为 $P = \dfrac{W}{t} = \dfrac{-45}{0.6} = -75(\text{W})$

1-14　小球在外力的作用下，由静止开始从 A 点出发做匀加速运动，到达 B 点时撤销外力，小球无摩擦地冲上竖直的半径为 R 的半圆环，到达最高点 C 时，恰能维持在圆环上做圆周运动，并以此速度抛出刚好落到原来的出发点 A 处，如图所示。试求小球在 AB 段运动的加速度。

解：小球到达最高点 C 时，恰能做圆周运动，在 C

点时重力刚好提供向心力，于是有 $mg = \dfrac{mv_C^2}{R}$，可得

$$v_C = \sqrt{gR}$$

由机械能守恒定律可得　$\dfrac{1}{2}mv_B^2 = \dfrac{1}{2}mv_C^2 + 2mgR$

由上式得　　　　　$v_B = \sqrt{5gR}$

因为小球抛出后又回到原点，于是 AB 段的长度为

$$L_{AB} = v_C t_C = v_C \sqrt{\dfrac{4R}{g}} = 2R$$

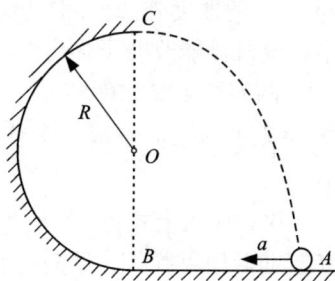

习题 1-14 图

又因为小球是由静止从 A 点出发做匀加速运动到 B 的，则　$a = \dfrac{v_B^2}{2L_{AB}} = \dfrac{5Rg}{4R} = \dfrac{5}{4}g$。

1-15　已知作用在质量为 10kg 物体上的力为 $\vec{F} = (10 + 2t)\vec{i}$ N，开始时，物体初速度为 $-6\vec{i}$ m·s^{-1}，求：（1）在开始的 4s 内力的冲量；（2）在 4s 末物体的速度；（3）要使力的冲量为 200N·s，力作用的时间应为多长？

解：（1）由冲量定义，在开始 4s 内力 $\vec{F}$ 的冲量

$$\vec{I}_4 = \int_0^4 \vec{F} \cdot \mathrm{d}t = \int_0^4 (10 + 2t)\vec{i}\,\mathrm{d}t = 56\vec{i}(\text{N} \cdot \text{s})$$

（2）设 4s 末的速度为 $\vec{v}_4$，则有 $m\vec{v}_4 = m\vec{v}_0 + \vec{I}_4$，于是 $\vec{v}_4 = \vec{v}_0 + \dfrac{\vec{I}_4}{m} = -6\vec{i} + 5.6\vec{i} = -0.4\vec{i}(\text{m/s})$。

（3）如果力的冲量为 200N·s，则 $\vec{I} = (10t + t^2)\vec{i} = 200\vec{i}$ N·s，由上式可得，要使力的冲量为 200N·s，则力作用的时间应为 10s。

1-16　质量 M 的大木块具有半径为 R 的弧形曲面，如图所示，质量为 m 的物体从曲面的顶端滑下，大木块放在光滑水平面上，二者都无做摩擦的运动，且都从静止开始，求物体脱离大木块时的速度。

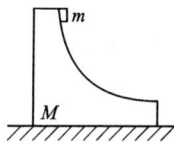

习题 1-16 图

解：设物体脱离大木块时的速度为 v_1，大木块的速度为 v_2，由已知条件，整个系统在水平方向动量守恒，于是

$$Mv_2 = mv_1$$

由机械能守恒定律，在小木块脱离大木块时，有

$$mgR = \dfrac{1}{2}mv_1^2 + \dfrac{1}{2}Mv_2^2$$

由上面两式可解得　　　$v_1 = \sqrt{\dfrac{2MgR}{M+m}}$

1-17　一质量为 $M = 10\text{kg}$ 的物体放在光滑水平面上，并与一水平轻弹簧相连，如图所示，弹簧的倔强系数 $k = 1000\text{N} \cdot \text{m}^{-1}$。今有一质量为 $m = 1\text{kg}$ 的小球以水平速度 $v_0 = 4\text{m} \cdot \text{s}^{-1}$ 飞来，与物体 M 相撞后以 $v_1 = 2\text{m} \cdot \text{s}^{-1}$ 的速度弹回。问：(1)M 起动，弹簧被压后缩短多少？(2)小球 m 与物体 M 碰撞过程中系统机械能改变了多少？(3)如果小球上涂有黏性物质，相碰后可与 M 黏在一起，则(1)、(2)两问结果又如何？

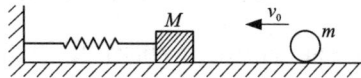

习题 1-17 图

解：(1)把 M、m 看成一个整体的系统，相撞瞬间动量守恒，有
$$mv_0 = Mv + mv_1$$
把 M、m 和 v_0 代入上式得　　　$v = 0.6\text{m} \cdot \text{s}^{-1}$

M 起动后压缩弹簧，弹簧压缩的长度为 x，由机械能守恒可解得 $x = 0.06\text{m}$，即弹簧缩短 0.06m。

(2)碰撞后系统的机械能 $E = \dfrac{1}{2}mv_1^2 + \dfrac{1}{2}Mv^2 = 3.8(\text{J})$

碰撞前为 $E_1 = \dfrac{1}{2}mv_0^2 = 8(\text{J})$，于是有机械能改变量 $\Delta E = -E_1 + E_2 = -4.2(\text{J})$

(3)同理，m 与 M 相撞后黏在一起，有 $mv_0 = (M+m)v$

代入数据解得　　　$v = \dfrac{4}{11}(\text{m} \cdot \text{s}^{-1})$

由机械能守恒有　　　$\dfrac{1}{2}kx^2 = \dfrac{1}{2}(M+m)v^2$

得　　　$x = 0.038(\text{m})$

损失的机械能为　　　$\Delta E = \dfrac{1}{2}mv_0^2 - \dfrac{1}{2}(M+m)v^2 = 7.27(\text{J})$

1-18　六个相同的小球，质量为 m，用长为 l 的六根细杆组成正六边形，若细杆的质量可忽略不计，求下述情况的转动惯量：(1)转轴通过中心与平面垂直；(2)转轴与对角线重合；(3)转轴通过一个顶点与平面垂直。

解：根据转动惯量的计算公式 $J = \sum\limits_{i=1}^{6} m_i r_i^2$，按题意有 $m_1 = m_2 = m_3 = m_4 = m_5 = m_6$

(1)转轴通过中心 O 与平面垂直，如题 1-18(a)图所示，有
$$r_1 = r_2 = r_3 = r_4 = r_5 = r_6 = l, \quad J_1 = 6 \times m \times l^2 = 6ml^2$$

(2)转轴与对角线 AD 重合，如题 1-18(b)图所示，有
$$r_1 = r_4 = 0, \quad r_2 = r_3 = r_5 = r_6 = \dfrac{\sqrt{3}}{2}l, \quad J_2 = 4 \times m \times \left(\dfrac{\sqrt{3}}{2}l\right)^2 = 3ml^2$$

(3)转轴通过一个顶点 A 与平面垂直，如题 1-18(c)图所示，有
$$r_1 = 0, \quad r_2 = r_6 = l, \quad r_4 = 2l, \quad r_3 = r_5 = \sqrt{3}l$$
$$J_3 = 2 \times m \times l^2 + m \times (2l)^2 + 2 \times m \times (\sqrt{3}l)^2 = 12ml^2$$

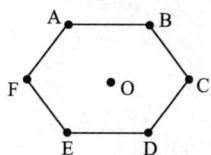

习题 1 – 18(a) 图

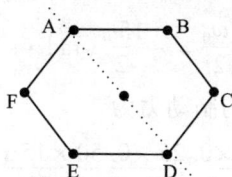

习题 1 – 18(b) 图

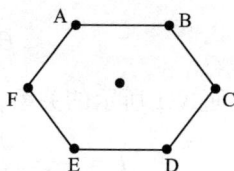

习题 1 – 18(c) 图

1 – 19　飞轮的质量 $m = 60\text{kg}$，半径 $R = 0.25\text{m}$，绕其水平中心轴 O 转动，转速为每分钟 900 转。现利用一制动的闸杆，在闸杆的一端加一竖直方向的制动力 F，可使飞轮减速。已知闸杆的尺寸如题 1 – 19 图所示，闸瓦与飞轮之间的摩擦系数 $\mu = 0.4$，飞轮的转动惯量可按匀质圆盘计算，试求：(1) 设 $F = 100\text{N}$，问可使飞轮在多长时间内停止转动？在这段时间里飞轮转了几转？(2) 如果在 2s 内飞轮转速减少一半，需加多大的力 F？

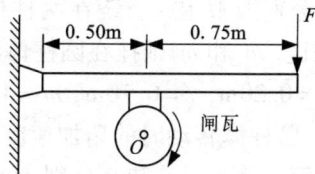

习题 1 – 19 图

解：(1) 先作闸杆和飞轮的受力分析图(如图)。图中 N、N' 是正压力，F_r、F'_r 是摩擦力，F_x 和 F_y 是杆在 A 点转轴处所受支承力，P 是轮的重力，R 是轮在 O 轴处所受支承力。杆处于静止状态，所以对 A 点的合力矩应为零，设闸瓦厚度不计，则有　$F(l_1 + l_2) - N'l_1 = 0$

$$N' = \frac{l_1 + l_2}{l_1}F。$$

对飞轮，按转动定律有 $\beta = -F_r R/J$，式中负号表示 β 与角速度 ω 方向相反。

因为　　　　　　$F_r = \mu N$　　　　　$N = N'$

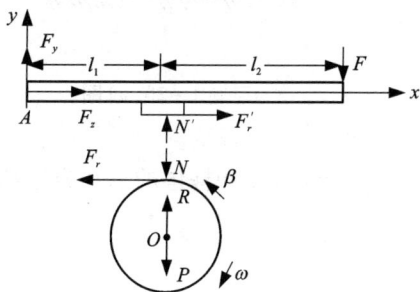

所以　　　　　$F_r = \mu N' = \mu \frac{l_1 + l_2}{l_1}F$

又因为　　　　　$J = \frac{1}{2}mR^2$

所以　　　　$\beta = -\frac{F_r R}{J} = \frac{-2\mu(l_1 + l_2)}{mRl_1}F$　　　①

将 $F = 100\text{N}$ 等代入上式，得

习题 1 – 19 分析图

$$\beta = \frac{-2 \times 0.40 \times (0.50 + 0.75)}{60 \times 0.25 \times 0.50} \times 100 = -\frac{40}{3}(\text{rad} \cdot \text{s}^{-2})$$

由此可算出自施加制动闸开始到飞轮停止转动的时间为 $t = -\dfrac{\omega_0}{\beta} = \dfrac{900 \times 2\pi \times 3}{60 \times 40} = 7.06\text{s}$，这段时间内飞轮的角位移为 $\theta = \omega_0 t + \dfrac{1}{2}\beta t^2 = \dfrac{900 \times 2\pi}{60} \times \dfrac{9}{4}\pi - \dfrac{1}{2} \times \dfrac{40}{3} \times \left(\dfrac{9}{4}\pi\right)^2 = 53.1 \times 2\pi\text{rad}$，可知在这段时间里，飞轮转了 53.1 转。

(2) $\omega_0 = 900 \times \dfrac{2\pi}{60}\text{rad} \cdot \text{s}^{-1}$，要求飞轮转速在 $t = 2\text{s}$ 内减少一半，可知

$$\beta = \frac{\frac{\omega_0}{2} - \omega_0}{t} = -\frac{\omega_0}{2t} = -\frac{15\pi}{2}(\text{rad} \cdot \text{s}^{-2})$$

用上面式①所示的关系，可求出所需的制动力为

$$F = -\frac{mRl_1\beta}{2\mu(l_1 + l_2)} = \frac{60 \times 0.25 \times 0.50 \times 15\pi}{2 \times 0.40 \times (0.50 + 0.75) \times 2} = 177(\text{N})$$

1-20　固定在一起的两个同轴均匀圆柱体可绕其光滑的水平对称轴 OO' 转动。设大小圆柱体的半径分别为 R 和 r，质量分别为 M 和 m，绕在两柱体上的细绳分别与物体 m_1 和 m_2 相连，m_1 和 m_2 则挂在圆柱体的两侧，如题 1-20 图所示，设 $R = 0.20\text{m}$，$r = 0.10\text{m}$，$m = 4\text{kg}$，$M = 10\text{kg}$，$m_1 = m_2 = 2\text{kg}$。求：（1）柱体转动时的角加速度；（2）两侧细绳的张力。

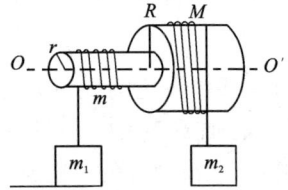

习题 1-20 图

解：设 a_1、a_2 和 β 分别为 m_1、m_2 和柱体的加速度及角加速度，方向如题 1-20(b)图所示。

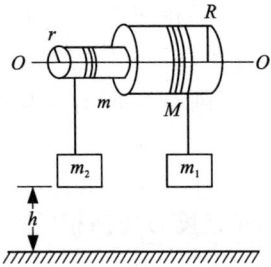

习题 1-20(a)图

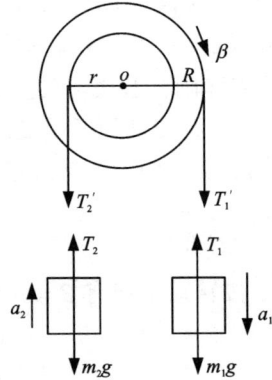

习题 1-20(b)图

（1）m_1、m_2 和柱体的运动方程如下：

$$T_2 - m_2 g = m_2 a_2 \qquad\qquad ①$$
$$m_1 g - T_1 = m_1 a_1 \qquad\qquad ②$$
$$T'_1 R - T'_2 r = J\beta \qquad\qquad ③$$

式中 $T'_1 = T_1$，$T'_2 = T_2$，$a_2 = r\beta$，$a_1 = R\beta$

而

$$J = \frac{1}{2}MR^2 + \frac{1}{2}mr^2$$

由上式求得

$$\beta = \frac{Rm_1 - rm_2}{J + m_1 R^2 + m_2 r^2}g$$

$$= \frac{0.2 \times 2 - 0.1 \times 2}{\frac{1}{2} \times 10 \times 0.20^2 + \frac{1}{2} \times 4 \times 0.10^2 + 2 \times 0.20^2 + 2 \times 0.10^2} \times 9.8 = 6.13(\text{rad} \cdot \text{s}^{-2})$$

（2）由①式可得　　$T_2 = m_2 r\beta + m_2 g = 2 \times 0.10 \times 6.13 + 2 \times 9.8 = 20.8(\text{N})$

由②式可得 $\quad T_1 = m_1 g - m_1 R\beta = 2 \times 9.8 - 2 \times 0.2. \times 6.13 = 17.1(\text{N})$

1-21 计算题 1-21 图所示系统中物体的加速度。设滑轮为质量均匀分布的圆柱体,其质量为 M,半径为 r,在绳与轮缘的摩擦力作用下旋转,忽略桌面与物体间的摩擦,设 $m_1 = 50\text{kg}$,$m_2 = 200\text{kg}$,$M = 15\text{kg}$,$r = 0.1\text{m}$。

解: 分别以 m_1、m_2 滑轮为研究对象,受力如题 1-21(b)图所示。对 m_1、m_2 运用牛顿定律,有

$$m_2 g - T_2 = m_2 a \qquad ①$$

$$T_1 = m_1 a \qquad ②$$

对滑轮运用转动定律,有

$$T_2 r - T_1 r = (\frac{1}{2}Mr^2)\beta \qquad ③$$

又

$$a = r\beta \qquad ④$$

联立以上 4 个方程,得 $a = \dfrac{m_2 g}{m_1 + m_2 + \dfrac{M}{2}} = \dfrac{200 \times 9.8}{50 + 200 + \dfrac{15}{2}} = 7.6(\text{m}\cdot\text{s}^{-2})$

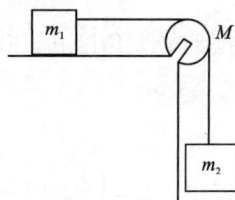

习题 1-21 图

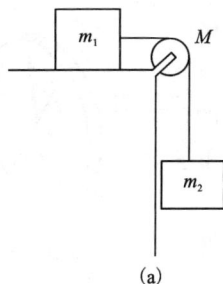

(a)

习题 1-21(a)图

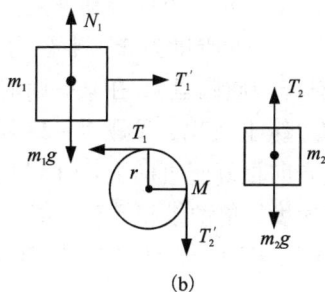

(b)

习题 1-21(b)图

1-22 如题 1-22 图所示,质量为 M,长为 l 的均匀直棒,可绕垂直于棒一端的水平轴 O 无摩擦地转动,它原来静止在平衡位置上,现有一质量为 m 的弹性小球飞来,正好在棒的下端与棒垂直地相撞,相撞后,使棒从平衡位置处摆动到最大角度 $30°$ 处:(1)设这碰撞为弹性碰撞,试计算小球初速度 v_0 的值;(2)相撞时小球受到多大的冲量?

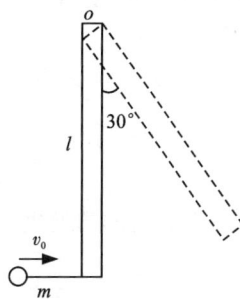

习题 1-22 图

解:(1)设小球的初速度为 v_0,棒经小球碰撞后得到的初角速度为 ω,而小球的速度变为 v,按题意,小球和棒作弹性碰撞,所以碰撞时遵从角动量守恒定律和机械能守恒定律,可列式:

$$mv_0 l = J\omega + mvl \qquad ①$$

$$\frac{1}{2}mv_0^2 = \frac{1}{2}J\omega^2 + \frac{1}{2}mv^2 \qquad ②$$

上两式中 $J = \frac{1}{3}Ml^2$，碰撞过程极为短暂，可认为棒没有显著的角位移；碰撞后，棒从竖直位置上摆到最大角度 $\theta = 30°$，按机械能守恒定律可列式：

$$\frac{1}{2}J\omega^2 = Mg\frac{l}{2}(1 - \cos30°) \qquad ③$$

由③式得　$\omega = \left[\frac{Mgl}{J}(1 - \cos30°)\right]^{\frac{1}{2}} = \left[\frac{3g}{l}(1 - \frac{\sqrt{3}}{2})\right]^{\frac{1}{2}}$ 由① $v = v_0 - \frac{J\omega}{ml}$ ④

由②式得　　　　　　　　　　　　$v^2 = v_0^2 - \frac{J\omega^2}{m}$

所以　　　　　　　　　　$(v_0 - \frac{J\omega}{ml})^2 = v_0^2 - \frac{J}{m}\omega^2 \qquad ⑤$

求得　　　　$v_0 = \frac{l\omega}{2}(1 + \frac{J}{ml^2}) = \frac{l}{2}(1 + \frac{1}{3}\frac{M}{m})\omega = \frac{\sqrt{6(2-\sqrt{3})}}{12}\frac{3m+M}{m}\sqrt{gl}$

（2）相碰时小球受到的冲量为　　　$\int F\mathrm{d}t = \Delta mv = mv - mv_0$

由 ① 式求得　$\int F\mathrm{d}t = mv - mv_0 = -\frac{J\omega}{l} = -\frac{1}{3}Ml\omega = -\frac{\sqrt{6(2-\sqrt{3})}M}{6}\sqrt{gl}$

负号说明所受冲量的方向与初速度方向相反。

1 - 23　一个质量为 M、半径为 R 并以角速度 ω 旋转着的飞轮（可看作匀质圆盘），在某一瞬时突然有一片质量为 m 的碎片从轮的边缘上飞出，见题 1 - 23 图，假定碎片脱离飞轮时的瞬时速度方向正好竖直向上：（1）问它能升高多少？（2）求余下部分的角速度、角动量和转动动能。

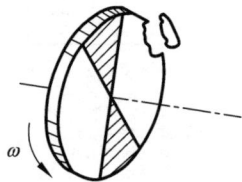

解：（1）碎片离盘瞬时的线速度即是它上升的初速度 $v_0 = R\omega$

习题 1 - 23 图

设碎片上升高度 h 时的速度为 v，则有　$v^2 = v_0^2 - 2gh$

令 $v = 0$，可求出上升最大高度为　$H = \frac{v_0^2}{2g} = \frac{1}{2g}R^2\omega^2$

（2）圆盘的转动惯量 $J = \frac{1}{2}MR^2$，碎片抛出后圆盘的转动惯量 $J' = \frac{1}{2}MR^2 - mR^2$，碎片脱离前，盘的角动量为 $J\omega$，碎片刚脱离后，碎片与破盘之间的内力变为零，但内力不影响系统的总角动量，碎片与破盘的总角动量应守恒，即 $J\omega = J'\omega' + mv_0R$

式中 ω' 为破盘的角速度。于是

$$\frac{1}{2}MR^2\omega = (\frac{1}{2}MR^2 - mR^2)\omega' + mv_0R \qquad (\frac{1}{2}MR^2 - mR^2)\omega = (\frac{1}{2}MR^2 - mR^2)\omega'$$

得 $\omega' = \omega$（角速度不变）

圆盘余下部分的角动量为　　　$(\frac{1}{2}MR^2 - mR^2)\omega$

转动动能为　　　　$E_k = \frac{1}{2}(\frac{1}{2}MR^2 - mR^2)\omega^2$

1－24　弹簧、定滑轮和物体的连接如题 1－24 图所示，弹簧的劲度系数为 $2.0\text{N}\cdot\text{m}^{-1}$，定滑轮的转动惯量 $0.5\text{kg}\cdot\text{m}^2$，半径为 0.30m，问当 6.0kg 质量的物体落下 0.4m 时，它的速率为多大？假设开始时物体静止而弹簧无伸长。

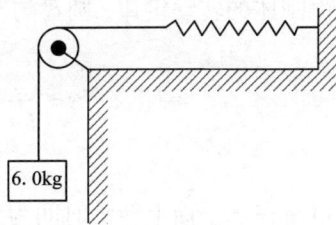

解：以重物、滑轮、弹簧、地球为一系统，重物下落的过程中，机械能守恒，以最低点为重力势能零点，弹簧原长为弹性势能零点，则有 $mgh=\dfrac{1}{2}mv^2+\dfrac{1}{2}J\omega^2+\dfrac{1}{2}kh^2$

又　　　　　　　　　　　　$\omega=v/R$

故有　$v=\sqrt{\dfrac{(2mgh-kh^2)R^2}{mR^2+J}}=\sqrt{\dfrac{(2\times6.0\times9.8\times0.4-2.0\times0.4^2)\times0.3^2}{6.0\times0.3^2+0.5}}=2.0(\text{m}\cdot\text{s}^{-1})$

题 1－24 图

1－25　一质量均匀分布的圆盘，质量为 M，半径为 R，放在一粗糙水平面上（圆盘与水平面之间的摩擦系数为 μ），圆盘可绕通过其中心 O 的竖直固定光滑轴转动，开始时，圆盘静止，一质量为 m 的子弹以水平速度 v_0 垂直于圆盘半径打入圆盘边缘并嵌在盘边上，求：(1) 子弹击中圆盘后，圆盘所获得的角速度；(2) 经过多少时间后，圆盘停止转动。（圆盘绕通过 O 的竖直轴的转动惯量为 $J=\dfrac{1}{2}MR^2$，忽略子弹重力造成的摩擦阻力矩）

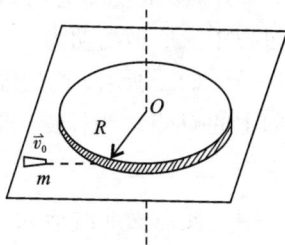

习题 1－25 图

解：(1) 子弹击中圆盘边缘并嵌在一起，这段时间很短，子弹和圆盘所组成的系统角动量守恒，有

$$RmV_0=(\dfrac{1}{2}MR^2+mR^2)\omega$$

解上式得：

$$\omega=\dfrac{2m}{M+2m}\dfrac{V_0}{R}$$

(2) 设匀质圆盘的面密度为 σ，则圆盘的质量为 $M=\sigma\pi R^2$，匀质圆盘可看成一系列半径不同的同心圆环构成，如分析图所示，为此，在离转轴距离 r 处取一半径为 r，厚度 dr 的细圆环，其质量为

$$dM=\sigma2\pi rdr$$

摩擦力矩为

$$dM_f=r\times\mu dN=r\times\mu dMg=r\mu\sigma2\pi rdrg=2\pi\mu\sigma gr^2dr$$

求积分得 $M_f=\dfrac{2}{3}\pi\mu\sigma gR^3=\dfrac{2}{3}\mu MgR$

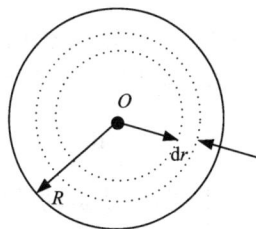

习题 1－25 分析图

由刚体的转动定律,圆盘匀减速转动的角加速度为

$$\beta = \frac{M}{J + mR^2} = \frac{\frac{2}{3}\mu MgR}{\frac{1}{2}MR^2 + mR^2} = \frac{4M\mu g}{(3M + 6m)R}$$

盘将在水平面上转动时间为 $t = \frac{\omega}{\beta} = \frac{2m}{M + 2m}\frac{V_0}{R} \div \frac{4M\mu g}{(3M + 6m)R} = \frac{3mV_0}{2M\mu g}$

五、自测题

1-1　质点沿 x 轴方向运动的速度 $v = k\sqrt{t}$,k 为正常数,$t = 0$ 时,$x = x_0$。则质点通过 s 米所需时间 $t = $ _____,加速度 $a(t) = $ _____,运动方程为_____。

1-2　一人从 10m 深的井中提水,起始时桶与水共 10kg,由于水桶漏水,每升高 1m 要漏去 0.2kg 的水。则水桶匀速地从水井中被提到井口的过程中人所做的功为_____。

1-3　如图所示,均匀细棒长为 l,质量为 M,下端无摩擦地铰接在水平面上的 O 点。当杆受到微扰从竖直位置倒至水平面上时,顶端 A 点的速度为_____。

自测题 1-3 图

1-4　质点做曲线运动,元位移 $d\vec{r}$、元路程 ds,位移 $\Delta\vec{r}$,路程 Δs,它们之间量值相等的是_____。

A. $|\Delta\vec{r}| = \Delta s$　　B. $|d\vec{r}| = \Delta s$　　C. $|d\vec{r}| = ds$　　D. $|d\vec{r}| = |\Delta\vec{r}|$

E. $|\Delta\vec{r}| = ds$

1-5　一质量为 m 的小球系在长为 l 的绳上,绳的另一端固定,绳与竖直线间的夹角用 θ 表示。当小球从 $\theta = 0$ 运动到 $\theta = \theta_0$ 时,重力所做的功 W 为_____。

A. $W = \int_0^{\theta_0} mg\cos\theta l d\theta$　　　　B. $W = \int_0^{\theta_0} mg\sin\theta l d\theta$

C. $W = \int_0^{\theta_0} -mg\cos\theta l d\theta$　　　D. $W = \int_0^{\theta_0} -mg\sin\theta l d\theta$

1-6　一力矩 M 作用在飞轮上,飞轮的角加速度为 β_1,如撤去这一力矩,飞轮的角加速度为 $-\beta_2$,则飞轮的转动惯量为_____。

A. $\frac{M}{\beta_1}$　　B. $\frac{M}{\beta_2}$　　C. $\frac{M}{\beta_1 + \beta_2}$　　D. $\frac{M}{\beta_1 - \beta_2}$

1-7　掷铁饼运动员手持铁饼转动 1.25 圈后松手,此刻铁饼的速度达到 $v = 25\text{m/s}$。设转动时铁饼沿半径为 $R = 1.0\text{m}$ 的圆周运动且均匀加速。试求:

(1)铁饼离手时的角速度;(2)铁饼的角加速度;

(3)铁饼在手中加速的时间(将铁饼视为质点)。

1-8　如图所示,质量为 1.0kg 的钢球 m 系在长为 0.8 m 的绳的一端,绳的另一端固定于 O 点。把绳拉到水平位置后,再把它由静止释放,球在最低点处与一质量为 5.0kg 的钢块 M 作完全弹性碰撞,求碰撞后钢球继续运动能达到的最大高度。

1-9　人的质量为 100kg,站在半径为 2m 处于静止的转台边缘。转台的光滑轴竖直通过转台

中心，其转动惯量为 $4000\mathrm{kg \cdot m^2}$。现在此人以相对于地面 $1\mathrm{m/s}$ 的速度沿转台边缘匀速转动。试问：(1)转台将以多大的角速度沿哪个方向转动？(2)当人回到他在转台的原来位置时，转台转过的角度是多少？(3)当人回到原来相对地面的位置时，转台转过的角度是多少？

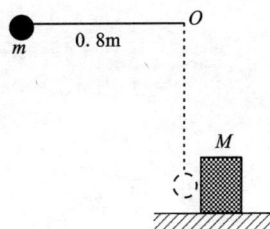

自测题 1 - 8 图

第二章 流体的运动

一、基本要求

1. 掌握理想流体和稳定流动的概念，掌握连续性方程和伯努利方程的物理意义并熟练应用。

2. 理解层流、湍流、雷诺数的概念，理解牛顿黏滞定律、泊肃叶定律、斯托克斯定律及应用。

3. 了解血液的流动。

二、本章提要

1. 理想流体：绝对不可压缩、且完全没有内摩擦力的流体。

2. 稳定流动：流场中各点的流速不随时间变化的流动。

3. 连续性方程（质量守恒方程）：$Q = S_1 v_1 = S_2 v_2 = $ 常量

$$m = \rho_1 S_1 v_1 = \rho_2 S_2 v_2 = 常量$$

4. 伯努利方程（能量守恒方程）：$p_1 + \rho g h_1 + \dfrac{1}{2}\rho v_1^2 = p_2 + \rho g h_2 + \dfrac{1}{2}\rho v_2^2 = $ 常量

5. 层流、湍流、雷诺数：

流体的分层流动称为层流。

流体不再保持分层流动，各层之间相互混合并出现旋涡的流动称为湍流。

$R_e = \dfrac{\rho v r}{\eta}$ 称为流体的雷诺数，是一个无量纲数。可以通过雷诺数判断黏性流体的运动状态：当 $R_e < 1000$ 时，流体作层流；$R_e > 1500$ 时，流体作湍流；$1000 < R_e < 1500$ 时，流体处于过渡流动状态。

6. 牛顿黏滞定律：
$$f = \eta S \frac{\mathrm{d}v}{\mathrm{d}x}$$

7. 泊肃叶定律：
$$Q = \frac{\pi R^4 \Delta P}{8 \eta L}$$

8. 斯托克斯定律：
$$f = 6\pi \eta v R$$

三、典型例题

例 2 – 1 水在粗细不均匀的水平管中作稳定流动（内摩擦忽略不计），截面 S_1 处的压强为 105Pa，流速为 $0.1\mathrm{m \cdot s^{-1}}$，截面 S_2 处的压强为 30Pa，求 S_2 处水的流速及水管两处的截面积之比。（水的的密度 $\rho = 1.0 \times 10^3 \mathrm{kg \cdot m^{-3}}$）

解：设 S_2 处水的流速为 v_2，根据在水平管中的伯努利方程

$$P_1 + \frac{1}{2}\rho v_1^2 = P_2 + \frac{1}{2}\rho v_2^2$$

$$2(P_1 - P_2) = \rho(v_2^2 - v_1^2)$$

代入数据

$$2 \times (105 - 30) = 1.0 \times 10^3 (v_2^2 - 0.1^2)$$

得

$$v_2 = 0.4(\mathrm{m \cdot s^{-1}})$$

由连续性方程

$$S_1 v_1 = S_2 v_2$$

$$\frac{S_1}{S_2} = \frac{v_2}{v_1} = \frac{0.4}{0.1} = 4:1$$

即截面 S_1 处与截面 S_2 处的截面积之比为 $4:1$。

例 2-2 如图，管径分为均匀两段的虹吸管一端插在一大容器中，容器内盛有黏滞系数很小的液体，$S_b = S_c = 2S_e$，a、e 通大气，a、b、d 在同一水平面上，液体密度 ρ、h_1、h_2 均为已知。求 P_b、P_c、P_d。

解：容器内的液体可认为是理想流体。由于容器的截面比虹吸管的截面大很多，根据连续性方程，可将容器内液体的流速近似为零。

对 a、e 两点列出伯努利方程

$$P_a + \frac{1}{2}\rho v_a^2 + \rho g h_a = P_e + \frac{1}{2}\rho v_e^2 + \rho g h_e$$

将 $\quad P_a = P_e = P_0$，$v_a = 0$，$h_a - h_e = h_2 - h_1$

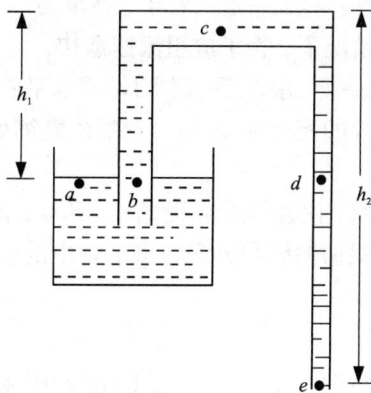

例 2-2 图

代入得

$$v_e = \sqrt{2g(h_2 - h_1)}$$

由连续性方程

$$S_b v_b = S_c v_c = S_d v_d = S_e v_e$$

又因为

$$S_b = S_c = 2S_d = 2S_e$$

可得

$$v_b = v_c = \frac{1}{2}v_d = \frac{1}{2}v_e = \frac{1}{2}\sqrt{2g(h_2 - h_1)}$$

对 a、b 两点列伯努利方程

$$P_a + \frac{1}{2}\rho v_a^2 + \rho g h_a = P_b + \frac{1}{2}\rho v_b^2 + \rho g h_b$$

因为 a、b 两点处于同一高度，所以

$$P_b = P_a + \frac{1}{2}\rho v_a^2 - \frac{1}{2}\rho v_b^2 = P_0 - \frac{1}{2}\rho \times \frac{1}{4} \times 2g(h_2 - h_1) = P_0 - \frac{1}{4}\rho g(h_2 - h_1)$$

因为 $v_b = v_c$，$h_c - h_b = h_1$，对 b、c 两点列伯努利方程

$$P_c = P_b - \rho g h_1 = P_0 - \frac{1}{4}\rho g(h_2 - h_1) - \rho g h_1 = P_0 - \frac{1}{4}\rho g(3h_1 + h_2)$$

因为 $v_d = v_e$，$h_d - h_e = h_2 - h_1$，对 d、e 两点列伯努利方程

$$P_d = P_e - \rho g(h_2 - h_1) = P_0 - \rho g(h_2 - h_1)$$

例 2-3 血液流过长 $1\mathrm{mm}$、半径 $2\mathrm{\mu m}$ 的毛细血管时，如果平均流速是 $0.66\mathrm{mm \cdot s^{-1}}$，血液的黏滞系数为 $4 \times 10^{-3}\mathrm{Pa \cdot s}$，求：(1)毛细血管中的流阻；(2)通过毛细血管的血流量；(3)毛细血管的血压降；(4)若通过主动脉的血流量是 $83\mathrm{cm^3 \cdot s^{-1}}$，试估算体内毛细血管的总数。

解：（1）$R_f = \dfrac{8\eta l}{\pi R^4} = \dfrac{8 \times 4 \times 10^{-3} \times 10^{-3}}{3.14 \times (2 \times 10^{-6})^4} = 6.37 \times 10^{17}(\text{N} \cdot \text{s} \cdot \text{m}^{-5})$

（2）$Q = Sv = \pi R^2 v = 3.14 \times (2 \times 10^{-6})^2 \times 0.66 \times 10^{-3} = 8.29 \times 10^{-15}(\text{m}^3 \cdot \text{s}^{-1})$

（3）$\Delta P = Q R_f = 8.29 \times 10^{-15} \times 6.37 \times 10^{17} = 5.28 \times 10^3(\text{Pa})$

（4）$n = \dfrac{Q_{总}}{Q} = \dfrac{83 \times 10^{-6}}{8.29 \times 10^{-15}} = 10^{10}(\text{条})$

四、思考题与习题解答

2-1　有人认为，计算黏滞流体的平均流速时，从连续性方程来看，管子愈粗流速愈小，而从泊肃叶公式来看，管子愈粗流速愈大，两者看似有矛盾。你怎样看待？

答：对于一定的管子，在流量一定的情况下，管子愈粗流速愈慢；在管子两端压强差一定的情况下，管子愈粗流速愈快。

2-2　水在粗细不均匀的水平管中作稳定流动，出口处的截面积为管最细处的3倍，若出口处的流速为$2\text{m}\cdot\text{s}^{-1}$，那么最细处的压强为多少？若在此最细处开一小孔，水会不会流出来？

解：由连续性方程 $S_1 v_1 = S_2 v_2$，得最细处的流速 $v_2 = 6(\text{m}\cdot\text{s}^{-1})$

根据伯努利方程在水平管中的应用

$$P_1 + \frac{1}{2}\rho v_1^2 = P_2 + \frac{1}{2}\rho v_2^2$$

代入数据　　　$1.01 \times 10^5 + \dfrac{1}{2} \times 10^3 \times 2^2 = P_2 + \dfrac{1}{2} \times 10^3 \times 6^6$

得　　　　　　$P_2 = 85(\text{kPa})$

最细处压强为85kPa，因为 $P_2 < P_0$，所以水不会流出来。

2-3　水在粗细不均匀的水平管中作稳定流动，已知截面S_1处的压强为110Pa，流速为$0.2\text{m}\cdot\text{s}^{-1}$，截面$S_2$处的压强为5Pa，求$S_2$处的流速（内摩擦不计）。

解：由伯努利方程在水平管中的应用

$$P_1 + \frac{1}{2}\rho v_1^2 = P_2 + \frac{1}{2}\rho v_2^2$$

代入数据　　　$110 + \dfrac{1}{2} \times 10^3 \times 0.2^2 = 5 + \dfrac{1}{2} \times 10^3 \times v_2^2$

得　　　　　　$v_2 = 0.5(\text{m}\cdot\text{s}^{-1})$

2-4　在水管的某一点，水的流速为$2\text{m}\cdot\text{s}^{-1}$，高出大气压的计示压强为$10^4\text{Pa}$，设水管的另一点的高度比第一点降低了1m，如果在第二点处水管的横截面是第一点的一半，求第二点的计示压强。

解：由连续性方程 $S_1 v_1 = S_2 v_2$，得第二点的流速 $v_2 = 4(\text{m}\cdot\text{s}^{-1})$

根据伯努利方程 $P_1 + \rho g h_1 + \dfrac{1}{2}\rho v_1^2 = P_2 + \rho g h_2 + \dfrac{1}{2}\rho v_2^2$

有　　　$P_2 - P_0 = P_1 - P_0 + \rho g(h_1 - h_2) + \dfrac{1}{2}\rho(v_1^2 - v_2^2)$

代入数据得　　$P_2 - P_0 = 10^4 + 10^3 \times 9.8 \times 1 + \dfrac{1}{2} \times 10^3 (2^2 - 4^2) = 1.38 \times 10^4(\text{Pa})$

2 – 5　一直立圆柱形容器，高 $0.2m$，直径为 $0.1m$，顶部开启，底部有一面积为 $10^{-4}m^2$ 的小孔。若水以 $1.4\times10^{-4}m^3\cdot s^{-1}$ 的流量自上面放入容器中，求容器内水可升的最大高度。若达到该高度时不再放水，求容器内的水流尽所需的时间。

解：（1）设容器内水面可上升的高度为 H，此时放入容器的水流量和从小孔流出的水流量相等，由连续性方程有

$$Q = S_1 v_1 = S_2 v_2$$

得
$$v_2 = \frac{Q}{S_2} = \frac{1.4\times10^{-4}}{10^{-4}} = 1.4(m\cdot s^{-1})$$

因为 $S_1 \gg S_2$，所以可将容器中水面处流速 v_1 近似为零，水面处和出水处压强均为大气压强。运用伯努利方程有

$$\frac{1}{2}\rho v_2{}^2 = \rho g H$$

得
$$H = \frac{v_2{}^2}{2g} = \frac{1.4^2}{2\times9.8} = 0.1(m)$$

（2）设容器内水流尽需要的时间为 T，在 t 时刻容器内水的高度为 h，小孔处流速为 $v_2 = \sqrt{2gh}$，液面下降 dh 高度从小孔流出的水体积为 $dV = -S_1\cdot dh$，需要的时间为

$$dt = \frac{dV}{Q} = \frac{-S_1 dh}{S_2 v_2} = -\frac{S_1 dh}{S_2 \sqrt{2gh}}$$

上式积分
$$T = \int_H^0 -\frac{S_1 dh}{S_2 \sqrt{2gh}} = \frac{S_1}{S_2}\sqrt{\frac{2h}{g}}$$

代入数据得
$$T = \frac{S_1}{S_2}\sqrt{\frac{2h}{g}} = \frac{3.14\times0.05^2}{10^{-4}}\sqrt{\frac{2\times0.1}{9.8}} = 11.2(s)$$

2 – 6　测量气体流量的文丘利流量计结构如题图 2 – 6 所示，水平管中的流体密度为 ρ，U 形管中的液体密度为 ρ'，U 形管中液柱高度差为 h。试证明流过圆管气体的流量

$$Q = \pi r_1^2 r_2^2 \sqrt{\frac{2\rho' g h}{\rho(r_1^4 - r_2^4)}}$$

证明：由连续性方程有 $Q = S_1 v_1 = S_2 v_2$

即　　　　　　　　$\pi r_1^2 v_1 = \pi r_2^2 v_2$

可得　　　　　　　$v_2 = (r_1/r_2)^2 v_1$

由压强计得　　　　$P_1 - P_2 = \rho' g h$

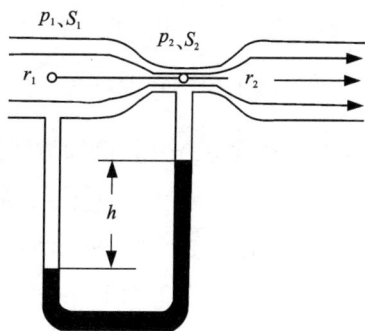

习题 2 – 6 图

将上两式代入水平管中的伯努利方程 $P_1 + \frac{1}{2}\rho v_1^2 = P_2 + \frac{1}{2}\rho v_2^2$

有
$$\rho' g h = \frac{1}{2}\rho(v_2^2 - v_1^2) = \frac{1}{2}\rho v_1^2 \left[\left(\frac{r_1^2}{r_2^2}\right)^2 - 1\right]$$

得
$$v_1 = \sqrt{\frac{2\rho' g h r_2^4}{\rho(r_1^4 - r_2^4)}}$$

最后计算得到流量

$$Q = S_1 v_1 = \pi r_1^2 v_1 = \pi r_1^2 \sqrt{\frac{2\rho' g h r_2^4}{\rho(r_1^4 - r_2^4)}} = \pi r_1^2 r_2^2 \sqrt{\frac{2\rho' g h}{r_1^4 - r_2^4}}$$

证毕。

2-7 用皮托管插入流水中测水流速度,设两管中的水柱高度分别为 5×10^{-3} m 和 5.4×10^{-2} m,求水流速度。

解:由皮托管原理 $\frac{1}{2}\rho v^2 = \rho g \Delta h$

得 $v = \sqrt{2g\Delta h} = \sqrt{2 \times 9.8 \times 4.9 \times 10^{-2}} = 0.98(\mathrm{m \cdot s^{-1}})$

2-8 一截面为 $5.0\mathrm{cm}^2$ 的均匀虹吸管从容积很大的容器中把水吸出。虹吸管最高点高于水面 1.0m,出口在水面下 0.6m 处,求水在虹吸管内作稳定流动时管内最高点的压强和虹吸管的体积流量。

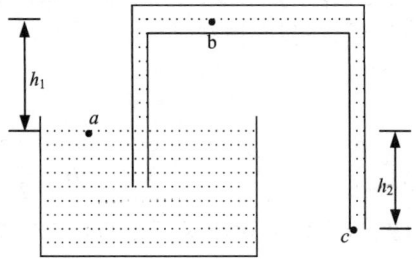

解:水是从容器中经虹吸管流出,水在流动中可认为是理想流体。如图所示,设 a 点为容器液面上一点,由于容器的横截面积比虹吸管的横截面积大很多,根据连续性方程,可将容器内液体的流速近似看作零,即 $v_a = 0$;b 点为虹吸管最高点,c 点为虹吸管最低点(即水流出处),由于虹吸管是均匀的,即 $v_b = v_c$。

对 b、c 两点列出伯努利方程有 $P_b + \rho g h_b + \frac{1}{2}\rho v_b^2 = P_c + \rho g h_c + \frac{1}{2}\rho v_c^2$

由上式得 $P_b = P_c + \rho g(h_c - h_b)$

由于 a、c 点都直接与大气相接触,即有 $P_a = P_c = P_0$

把已知数据代入上式得 $P_b = 1.013 \times 10^5 + 10^3 \times 9.8 \times (-1.6) = 8.56 \times 10^4(\mathrm{Pa})$

对 a、c 两点列出伯努利方程有 $P_a + \rho g h_a + \frac{1}{2}\rho v_a^2 = P_c + \rho g h_c + \frac{1}{2}\rho v_c^2$

把 $P_a = P_c = P_0$ 和 $v_a = 0$ 及已知数据代入上式得

$$v_c = \sqrt{2g(h_a - h_c)} = \sqrt{2 \times 9.8 \times 0.6} = 3.43(\mathrm{m \cdot s^{-1}})$$

虹吸管的体积流量为 $Q = S v_c = 5 \times 10^{-4} \times 3.43 = 1.72 \times 10^{-3}(\mathrm{m^3 \cdot s^{-1}})$

2-9 在直径为 2×10^{-2} m 的动脉血管中,血液平均流速为 $0.35\mathrm{m \cdot s^{-1}}$,此时血流是层流还是湍流?(血液密度为 $\rho = 1.05 \times 10^3 \mathrm{kg \cdot m^{-3}}$,黏滞系数 $\eta = 4 \times 10^{-3}\mathrm{Pa \cdot s}$)

解:由雷诺数公式

$$R_e = \frac{\rho v r}{\eta} = \frac{1.05 \times 10^3 \times 0.35 \times 1 \times 10^{-2}}{4 \times 10^{-3}} = 919 < 1000$$

此时血液是层流。

2-10 一硬斑部分阻塞半径为 3mm 的小动脉,阻塞后小动脉的有效半径为 2mm,血流的平均速度为 $50\mathrm{cm \cdot s^{-1}}$,求:(1)未变窄处的血流平均速度;(2)阻塞处会不会发生湍流;(3)阻塞处的动压强。(血液密度为 $\rho = 1.05 \times 10^3 \mathrm{kg \cdot m^{-3}}$,黏滞系数 $\eta = 3 \times 10^{-3}\mathrm{Pa \cdot s}$)

解:(1)由连续性方程 $S_1 v_1 = S_2 v_2$ 得

$$v_1 = \frac{S_2 v_2}{S_1 v_1} = \frac{\pi r_2^2 v_2}{\pi r_1^2} = \frac{2^2 \times 0.5}{3^2} = 0.22(\text{m} \cdot \text{s}^{-1})$$

$(2) R_e = \frac{\rho v r}{\eta} = \frac{1.05 \times 10^3 \times 0.5 \times 2 \times 10^{-3}}{3 \times 10^{-3}} = 350 < 1000$

不会发生湍流。

$(3) P_{动} = \frac{1}{2}\rho v_2^2 = \frac{1}{2} \times 1.05 \times 10^3 \times 0.5^2 = 131.25(\text{Pa})$

2－11　设某人的心输出量为 $8.3 \times 10^{-5} \text{m}^3 \cdot \text{s}^{-1}$，体循环的总压强差为 12.0kPa，此人体循环的总流阻是多少？

解：因为　$Q = \frac{\Delta P}{R}$

所以　$R = \frac{\Delta P}{Q} = \frac{12.0 \times 10^3}{8.3 \times 10^{-5}} = 1.45 \times 10^8 (\text{N} \cdot \text{s} \cdot \text{m}^{-5})$

2－12　黏滞系数为 $1.005 \times 10^{-3}\text{Pa} \cdot \text{s}$ 的水，在半径为 1.0cm 的水平均匀圆管中作稳定流动，管中心处的水流速度为 $10\text{cm} \cdot \text{s}^{-1}$，试计算相隔 2m 的两个截面间的压强差。

解：根据泊肃叶公式 $Q = \frac{\pi R^4 \Delta P}{8\eta l}$

又因为　　　　　　　　　　$Q = \pi R^2 \bar{v} = \pi R^2 \frac{v_{中心}}{2}$

所以相隔2m的两个截面间的压强差为

$$\Delta P = \frac{4\eta l v_{中心}}{R^2} = \frac{4 \times 1.005 \times 10^{-3} \times 2 \times 0.1}{0.01^2} = 8.04(\text{Pa})$$

2－13　设排尿时尿从计示压强为 40mmHg 的膀胱经过尿道后由尿道口排出，已知尿道长为 4cm，流量为 $21\text{cm}^3 \cdot \text{s}^{-1}$，尿的黏滞系数为 $6.9 \times 10^{-4}\text{Pa} \cdot \text{s}$，求尿道的有效直径。

解：根据泊肃叶公式 $Q = \frac{\pi R^4 \Delta P}{8\eta l}$ 得

$R = \left(\frac{8\eta l Q}{\pi \Delta P}\right)^{1/4} = \left(\frac{8 \times 6.9 \times 10^{-4} \times 0.04 \times 21 \times 10^{-6}}{3.14 \times 40/760 \times 1.013 \times 10^5}\right)^{1/4} = 7.2 \times 10^{-4}(\text{m})$

$D = 2R = 2 \times 7.2 \times 10^{-4} = 1.44 \times 10^{-3}\text{m} = 1.44(\text{mm})$

2－14　一个红细胞可以近似地认为是一个半径为 $2.0 \times 10^{-6}\text{m}$ 的小球，它的密度是 $1.09 \times 10^3 \text{kg} \cdot \text{m}^{-3}$。试计算它在重力作用下在37℃的血液中沉淀 1.0cm 所需时间。假设血浆的黏滞系数为 $1.2 \times 10^{-2}\text{Pa} \cdot \text{s}$，密度为 $1.04 \times 10^3 \text{kg} \cdot \text{m}^{-3}$。如果利用一台加速度 $(\omega^2 r)$ 为 10^5g 的超速离心机，问沉淀同样距离所需的时间是多少。

解：由斯托克斯定律得

$$v_1 = \frac{2}{9\eta}R^2(\rho - \sigma)g$$

$$= \frac{2}{9 \times 1.2 \times 10^{-3}} \times (2.0 \times 10^{-6})^2 \times (1.09 \times 10^3 - 1.04 \times 10^3) \times 9.8$$

$$= 3.63 \times 10^{-7}(\text{m} \cdot \text{s}^{-1})$$

若利用一台加速度 $(\omega^2 r)$ 为 10^5g 的超速离心机时

$$v_2 = \frac{2}{9\eta} R^2 (\rho - \sigma) g'$$

$$= \frac{2}{9 \times 1.2 \times 10^{-3}} \times (2.0 \times 10^{-6})^2 \times (1.09 \times 10^3 - 1.04 \times 10^3) \times 9.8 \times 10^5$$

$$= 3.63 \times 10^{-2} (\text{m} \cdot \text{s}^{-1})$$

$$t_2 = \frac{s}{v_2} = \frac{10^{-2}}{3.63 \times 10^{-2}} = 0.28(\text{s})$$

四、自测题

2-1　文丘利流量计和比托管法测流速都是利用伯努利方程中_____和_____的关系设计而成的。

2-2　理想流体在水平管中做稳定流动时，截面大的地方流速_____，压强_____；截面小的地方流速_____，压强_____。

2-3　水在水平管中做稳定流动，管半径为3.0cm处的流速为$1.0\text{m} \cdot \text{s}^{-1}$，那么在管中半径为1.5cm处的流速为_____。

A.$0.25\text{m} \cdot \text{s}^{-1}$　　　　　　　B.$0.5\text{m} \cdot \text{s}^{-1}$

C.$2\text{m} \cdot \text{s}^{-1}$　　　　　　　　D.$4\text{m} \cdot \text{s}^{-1}$

2-4　水在粗细均匀虹吸管中流动时，如自测题2-4图中四点的压强关系是_____。

A. $P_1 = P_2 = P_3 = P_4$　　　　B. $P_1 < P_2 < P_3 < P_4$

C. $P_1 = P_4 > P_2 = P_3$　　　　D. $P_1 = P_2 = P_3 < P_4$

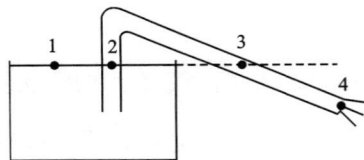

自测题 2-4 图

2-5　四个直径相同的小管并联后与一大管串联，两种管子的直径之比为2:1，若水在大管的流速为$2\text{m} \cdot \text{s}^{-1}$，那么在小管中的流速是多少？

2-6　一流量为$3000\text{cm}^3 \cdot \text{s}^{-1}$的排水管，水平放置，在截面为$40\text{cm}^2$及$10\text{cm}^2$两处接一U形管，内装水银，求：

(1)粗细两处的流速；

(2)粗细两处的压强差；

(3)U形管中水银柱的高度差。

第三章 振动、波动和声

一、基本要求

1. 掌握简谐振动的基本规律，掌握旋转矢量模型；掌握同方向同频率的简谐振动的合成规律。

2. 掌握波的传播规律和平面简谐波的物理意义，掌握波的干涉现象和规律。

3. 理解惠更斯原理和波的叠加原理，理解驻波形成的规律；理解波的能量密度和能流密度的概念；理解声压、声强和声强级。

4. 了解阻尼振动、受迫振动和共振的特点；了解声学的基本概念；了解超声波的特性及其医学应用。

二、本章提要

1. 简谐振动

(1)动力学定义：物体在弹性力或准弹性力作用下的振动称为简谐振动，即 $F = -kx$。

(2)如果物体的运动微分方程可以写成

$$\frac{\mathrm{d}^2 x}{\mathrm{d}t^2} + \omega^2 x = 0$$

满足上述方程的运动称为简谐振动。

(3)简谐振动的运动学定义：物体往复运动，其相对于平衡位置的位移可以表示为时间的正弦(或余弦)函数的振动称为简谐振动，即

$$x = A\cos(\omega t + \varphi)$$

2. 描述简谐振动的特征量

(1)振幅 A：质点在振动过程中离开平衡位置的最大位移的绝对值。振幅由初始条件或能量决定，表征了系统的能量。

(2)角频率 ω、频率 ν 和周期 T：表示振动往复的快慢，由系统本身的性质决定，与初始条件无关。三者的关系为

$$\omega = 2\pi\nu = \frac{2\pi}{T}$$

(3)相位 $\omega t + \varphi$ 和初相位 φ：是描述物体瞬时运动状态的物理量，$t = 0$ 时的相位 φ 称为初相位。

对于给定的振动系统，振幅 A 和初位相 φ 由初始条件确定，即

$$A = \sqrt{x_0^2 + \frac{v_0^2}{\omega^2}} \qquad \varphi = \tan^{-1}\left(\frac{-v_0}{\omega x_0}\right)$$

3. 简谐振动的能量

动能　　$E_k = \dfrac{1}{2}mv^2 = \dfrac{1}{2}m\omega^2 A^2 \sin^2(\omega t + \varphi)$

势能　　$E_p = \dfrac{1}{2}kx^2 = \dfrac{1}{2}kA^2 \cos^2(\omega t + \varphi)$

总机械能　　$E = \dfrac{1}{2}m\omega^2 A^2 = \dfrac{1}{2}kA^2 = 恒量$

4. 简谐振动的合成

(1)同方向同频率的两个简谐振动的合成

合振动的振幅为 $A = \sqrt{A_1^2 + A_2^2 + 2A_1 A_2 \cos(\varphi_2 - \varphi_1)}$

合振动的初相位为 $\varphi = \arctan \dfrac{A_1 \sin\varphi_1 + A_2 \sin\varphi_2}{A_1 \cos\varphi_1 + A_2 \cos\varphi_2}$

当 $\varphi_2 - \varphi_1 = \pm 2k\pi$，$k = 0, 1, 2, \cdots$时，合振幅 A 有极大值，$A = A_1 + A_2$，即振动加强；当 $\varphi_2 - \varphi_1 = \pm(2k+1)\pi$，$k = 0, 1, 2, \cdots$时，合振幅 $A = |A_1 - A_2|$ 有极小值，即振动减弱。

(2)同方向不同频率的两个简谐振动的合成：两个分振动的频率很大而两个分振动的频率的差很小时，形成合振动振幅时而加强、时而减弱的拍现象。拍频等于两分振动的频率差。

(3)相互垂直的两个同频率简谐振动的合成：合成运动的轨迹通常为椭圆，其具体形状由两分振动的相位差和频率决定。

(4)谐振分析：一个非简谐振动可分解为振幅和频率不同的多个简谐振动的合运动，其组成可用频谱表示。

5. 阻尼振动、受迫振动、共振

(1)阻尼振动：振动系统因受阻尼力作用振幅不断减小的振动。当阻尼较小，即当 $\beta < \omega_0$ 时，$x = A e^{-\beta t} \cos(\omega t + \varphi)$（其中 $\omega = \sqrt{\omega_0^2 - \beta^2}$）。

(2)受迫振动：在策动力作用下的振动，稳定状态的受迫振动是一个与简谐策动力同频率的简谐振动。

(3)共振：当策动力的频率接近于系统的固有频率时，振幅出现极大值的现象。

6. 机械波

机械振动在弹性介质中的传播形成机械波。波动是能量传递的一种形式。

(1)产生条件：要有波源和弹性介质。

(2)分类：横波和纵波。

(3)描述波动的基本量。

波速 u：是单位时间内波所传播的距离。波速也就是波面向前推进的速率。其值取决于介质的性质，与波源无关。

周期 T：一个完整的波（即一个波长的波）通过波射线上某点所需要的时间，其值取决于波源的性质，与介质无关。

波长 λ：波在传播过程中，沿同一波射线上相位差为 2π 的两个相邻质点之间的距离为一个波长。

它们之间的关系为：$u = \nu\lambda = \dfrac{\lambda}{T}$。

7. 平面简谐波的波动方程

$$y = A\cos\left[\omega\left(t - \frac{x}{u}\right) + \varphi\right] = A\cos\left[2\pi\left(\frac{t}{T} - \frac{x}{\lambda}\right) + \varphi\right] = A\cos\left[(\omega t - kx) + \varphi\right]$$

8. 波的能量

(1)平均能量密度：在波传播的介质中单位体积内波的能量称为能量密度。波的能量密度是随时间做周期性变化的，通常取其在一个周期内的平均值，这个平均值称为平均能量密度。

$$\bar{w} = \frac{1}{2}\rho A^2 \omega^2$$

(2)平均能流密度：单位时间通过垂直于波的传播方向的单位面积上的能量称为能流密度，也叫做波的强度。

$$I = \frac{1}{2}\rho u A^2 \omega^2$$

9. 惠更斯原理

介质中波动传到的各点都可看作是发射子波的波源，其后任一时刻，这些子波的包迹就是新的波阵面。

10. 波的叠加原理

几列波相遇后可以保持它们各自原有的特征继续前进，好像没有遇到过其他波一样，在相遇的区域内，每一点的振动都是各个波单独在该点产生的振动的合成。

11. 波的干涉

满足相干条件的两列波在空间相遇时，某些地方振动始终加强，而另一些地方振动始终减弱的现象称为波的干涉。

相干条件：频率相同、振动方向相同、相位差恒定。

加强条件：$\Delta\varphi = \varphi_2 - \varphi_1 - 2\pi\dfrac{r_2 - r_1}{\lambda} = \pm 2k\pi$

$\qquad \delta = r_2 - r_1 = \pm 2k\lambda \qquad k = 0, 1, 2, \cdots$

减弱条件：$\Delta\varphi = \varphi_2 - \varphi_1 - 2\pi\dfrac{r_2 - r_1}{\lambda} = \pm(2k+1)\pi$

$\qquad \delta = r_2 - r_1 = \pm(2k+1)\dfrac{\lambda}{2} \qquad k = 0, 1, 2, \cdots$

12. 驻波

两列振幅相同的相干波，在同一直线上沿相反方向传播时，可形成驻波。它实际上是稳定的分段振动。有波节和波腹，相邻两波节或波腹之间的距离为 $\lambda/2$。

13. 声波

(1)声压：介质中有声波传播时的压强与无声波时的静压强之差称为声压。对平面简谐声波来说，声压为

$$p = \rho u \omega A\cos\left[\omega\left(t - \frac{x}{u}\right) + \frac{\pi}{2}\right]$$

(2)声阻抗：用来表征介质传播声波能力特性的一个重要物理量，其大小取决于介质的密度和声速，即 $Z = \rho u$。

（3）声强：声波的能流密度叫做声强，即单位时间内通过垂直于声波传播方向的单位面积的声波能量。声强为

$$I = \frac{1}{2}\rho u \omega^2 A^2 = \frac{1}{2} \frac{p_m^2}{\rho u}$$

（4）声强级：取 1000Hz 声音的听阈值 $10^{-12}\,\text{W} \cdot \text{m}^{-2}$ 为标准，定义 $L = 10\lg \frac{I}{I_0}\,(\text{dB})$ 为声强级。

14. 多普勒效应

观察者接收到的频率与观察者和波源的运动有关。

$$\upsilon' = \frac{u \pm v_0}{u \mp v_s}\upsilon$$

三、典型例题

例3-1　一个质量为 m 的小球在一个光滑的半径为 R 的球形碗底做微小振动，如例3-1图（a）所示。设 $t=0$ 时，$\theta=0$，小球的速度为 v_0，向右运动。试求在振幅很小情况下，小球的振动方程。

解： 这是一个动力学求解简谐振动的问题，同时在求解过程中要应用 $\sin\theta \approx \theta$ 的近似条件。还可根据简谐振动的能量特征，用能量守恒的方法求解振动问题。

解法1　以小球为研究对象。设逆时针方向的角位移为正，t 时刻小球位于 P 点，角位移为 θ，受力情况如题图（b）所示。根据牛顿运动定律，在轨迹的切线方向上有

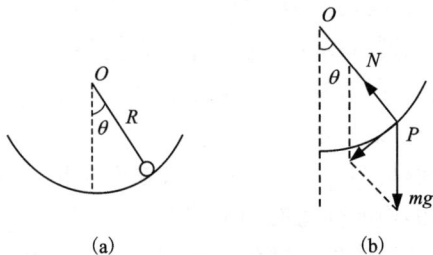

例3-1图

$$- mg\sin\theta = ma_\tau$$

即

$$a_\tau + g\sin\theta = 0$$

其中，a_τ 为切向加速度，$a_\tau = R\beta = R\dfrac{\mathrm{d}^2\theta}{\mathrm{d}t^2}$，当振幅很小时，$\sin\theta \approx \theta$，代入上式有

$$R\frac{\mathrm{d}^2\theta}{\mathrm{d}t^2} + g\theta = 0$$

即

$$\frac{\mathrm{d}^2\theta}{\mathrm{d}t^2} + \omega^2\theta = 0$$

其中，角频率 $\omega = \sqrt{\dfrac{g}{R}}$，求解该微分方程得 $\theta = \theta_0\cos(\omega t + \varphi)$，式中的振幅 θ_0 和初相 φ 可由初始条件确定。

当 $t=0$ 时，$\dot{\theta}=0$，$\theta=\dfrac{v_0}{R}$，则有 $\dot{\theta}_0\cos\varphi = 0$，$-\omega\theta_0\sin\varphi = \dfrac{v_0}{R}$

故

$$\varphi = -\frac{\pi}{2}, \quad \theta_0 = \frac{v_0}{\omega R}$$

因此小球的振动方程为 $\theta = \dfrac{v_0}{\omega R}\cos\left(\sqrt{\dfrac{g}{R}}t - \dfrac{\pi}{2}\right)$。

解法 2　小球在运动过程中仅有重力做功，机械能守恒，以最低点为势能零点，则在 t 时刻小球的机械能为

$$E = \frac{1}{2}mR^2\left(\frac{\mathrm{d}\theta}{\mathrm{d}t}\right)^2 + mgR(1-\cos\theta) = 常量$$

对时间求导，有 $\dfrac{\mathrm{d}E}{\mathrm{d}t} = 0$

即

$$mR^2\frac{\mathrm{d}\theta}{\mathrm{d}t}\frac{\mathrm{d}^2\theta}{\mathrm{d}t^2} + mgR\sin\theta\frac{\mathrm{d}\theta}{\mathrm{d}t} = 0$$

所以

$$\frac{\mathrm{d}^2\theta}{\mathrm{d}t^2} + \frac{g}{R}\sin\theta = 0$$

在振幅很小时 $\sin\theta \approx \theta$，得 $\dfrac{\mathrm{d}^2\theta}{\mathrm{d}t^2} + \dfrac{g}{R} = 0$。

此后的解题过程与解法 1 相同。

例 3 - 2　有两个振动方向相同的简谐振动，其振动方程分别为

$$x_1 = 4\cos(2\pi t + \pi)\,(\mathrm{cm})$$

$$x_2 = 3\cos\left(2\pi t + \frac{\pi}{2}\right)(\mathrm{cm})$$

（1）求它们的合振动方程。

（2）另有一同方向的简谐振动 $x_3 = 2\cos(2\pi t + \varphi_3)\,\mathrm{cm}$，问当 φ_3 为何值时，$x_1 + x_3$ 的振幅为最大值？当 φ_3 为何值时，$x_1 + x_3$ 的振幅为最小值？

解：（1）由题意可知 x_1 和 x_2 是两个振动方向相同，频率也相同的简谐振动，其合振动也是简谐振动，设其合振动方程为 $x = A\cos(\omega t + \varphi_0)$，则合振动圆频率与分振动的圆频率相同，即 $\omega = 2\pi$。

合振动的振幅为

$$A = \sqrt{A_1^2 + A_2^2 + 2A_1A_2\cos(\varphi_2 - \varphi_1)}$$
$$= \sqrt{16 + 9 + 2\times4\times3\cos\left(-\frac{\pi}{2}\right)} = 5\,(\mathrm{cm})$$

合振动的初相位为

$$\tan\varphi = \frac{A_1\sin\varphi_1 + A_2\sin\varphi_2}{A_2\cos\varphi_1 + A_2\cos\varphi_2}$$
$$= \frac{4\sin\pi + 3\sin\dfrac{\pi}{2}}{4\cos\pi + 3\cos\dfrac{\pi}{2}} = -\frac{3}{4}$$

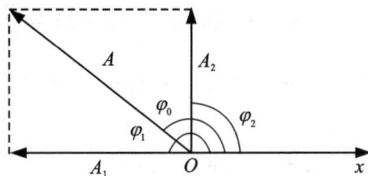

例 3 - 2 图

由两旋转矢量的合成图 3 - 2 可知，所求的初相位 φ_0 应在第二象限，则

$$\varphi_0 = \frac{4}{5}\pi$$

故所求的振动方程为

$$x = 5\cos\left(2\pi t + \frac{4}{5}\pi\right)(\text{cm})$$

(2)当 $\varphi_3 - \varphi_1 = \pm 2k\pi(k = 0, 1, 2, \cdots)$ 时，即 x_1 与 x_3 相位相同时，合振动的振幅最大，由于 $\varphi_1 = \pi$，故

$$\varphi_3 = \pm 2k\pi + \pi \quad (k = 0, 1, 2, \cdots)$$

当 $\varphi_3 - \varphi_1 = \pm(2k+1)\pi(k = 0, 1, 2, \cdots)$ 时，即 x_1 与 x_3 相位相反时，合振动的振幅最小，由于 $\varphi_1 = \pi$，故

$$\varphi_3 = \pm(2k+1)\pi + \pi$$

即

$$\varphi_3 = \pm 2k\pi(k = 0, 1, 2, \cdots)$$

例 3 – 3　一平面简谐波，波长为 12m，沿 Ox 轴负向传播，图 3 – 3 所示为 $x = 1.0\text{m}$ 处质点的振动曲线，请用旋转矢量图法求此波的波动方程。

解：由例 3 – 3 图可知质点振幅 $A = 0.40\text{m}$，$t = 0$ 时刻位于 $x = 1.0\text{m}$ 处质点在 $A/2$ 处并向 y 正向运动，据此作出旋转矢量图（见分析图）。

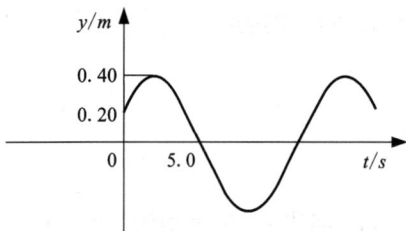

例 3 – 3 图

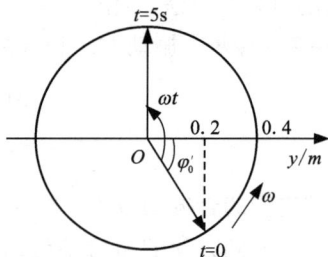

例 3 – 3 分析图

由分析图可知 $\varphi'_0 = -\pi/3$，并由题图 3 – 3 可知 $t = 5\text{s}$ 时，质点第一次回到平衡位置，由分析图可看出 $\omega t = 5\pi/6$，因此可以得到角频率为 $\omega = \pi/6\text{s}^{-1}$。由上述特征量可得出 $x = 1.0\text{m}$ 处质点的振动方程

$$y = 0.40\cos\left(\frac{\pi}{6}t - \frac{\pi}{3}\right)$$

由 $u = \lambda/T = \omega\lambda/2\pi = 1.0\text{m} \cdot \text{s}^{-1}$ 及 $x = 1.0\text{m}$ 代入波动方程的一般形式 $y = A\cos[\omega(t + x/u) + \varphi_0]$ 中可得 $\varphi_0 = -\pi/2$。则波动方程为

$$y = 0.40\cos\left[\frac{\pi}{6}(t + x) - \frac{\pi}{2}\right]$$

例 3 – 4　图 3 – 4 所示为某平面简谐波在 $t = 0$ 时刻的波形曲线。求：

(1)波长、周期、频率；

(2)a、b 两点的运动方向；

(3)该波的波函数；

(4)P 点振动方程，并画出振动曲线；

(5)$t = 1.25\text{s}$ 时刻的波形方程，并画出该波形曲线。

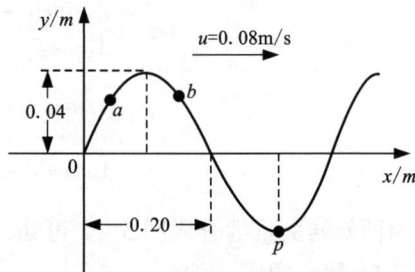

例 3 – 4 图

解：（1）根据题中已知，可求得各物理量。已知 $u = 0.08\text{m} \cdot \text{s}^{-1}$，$\dfrac{\lambda}{2} = 0.20\text{m}$，所以

$$\lambda = 0.40(\text{m})$$

$$T = \frac{\lambda}{u} = \frac{0.40}{0.08} = 5.00(\text{s})$$

$$v = \frac{1}{T} = \frac{1}{5} = 0.20(\text{Hz})$$

（2）由于波沿 x 轴正方向传播，故将 $t = 0$ 时刻的波形移动 $\Delta x = u\Delta t$，在 $t = 0$ 时 a 点沿 y 轴负方向运动，b 点沿 y 轴正方向运动。

（3）设波函数为 $y = A\cos\left[\omega\left(t - \dfrac{x}{u}\right) + \varphi\right] = A\cos\left(\omega t - \dfrac{2\pi}{\lambda}x + \varphi\right)$。

将已知量代入，得 $y = 0.04\cos(0.4\pi t - 5\pi t + \varphi)(\text{m})$，$t = 0$ 时刻，$x = 0$ 处质点：$y = 0$，$v < 0$，可得 $\cos\varphi = 0$，$\sin\varphi > 0$。由此，可确定初相位 $\varphi = \dfrac{\pi}{2}$。

因此，波函数为：$y = 0.04\cos\left(0.4\pi t - 5\pi x + \dfrac{\pi}{2}\right)(\text{m})$

（4）波动方程给出的是任意时刻、任意质点的振动位移。把某一质点的坐标值代入波动方程，即得到该质点的振动方程，用解析法即可描出该质点的振动曲线。

P 点：$x = \dfrac{3}{4}\lambda = 0.30\text{m}$，代入波函数，得 P 点的振动方程：

$$y_p = 0.04\cos\left(0.4\pi t - 1.50\pi + \frac{\pi}{2}\right)$$
$$= 0.04\cos(0.4\pi t - \pi)$$
$$= -0.04\cos(0.4\pi t)(\text{m})$$

据此，画出 P 点的振动曲线如图 $3-5(\text{a})$ 所示。

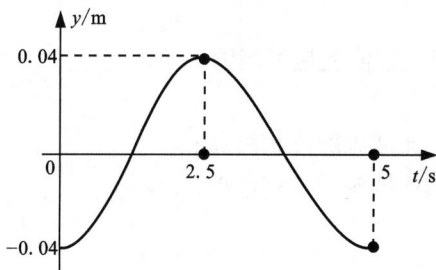

例 $3-5(\text{a})$ 图

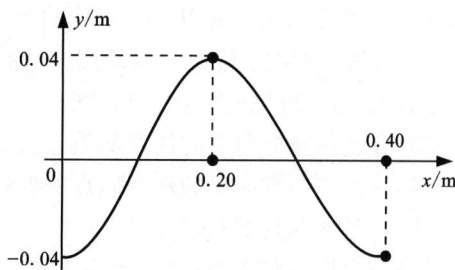

例 $3-5(\text{b})$ 图

（5）已知波动方程，画出某一时刻的波形曲线，只要把给定时刻的值代入波动方程，即可得该时刻的波形方程，用解析法即可描出该时的波形曲线。

把 $t = 1.25\text{s}$ 代入波函数，得 $t = 1.25\text{s}$ 时刻的波动方程：

$$y_{t=1.25} = 0.04\cos(-5\pi x + \pi)$$
$$= -0.04\cos(5\pi x)(\text{m})$$

波形曲线如例 3 - 5(b)图所示。

四、思考题与习题解答

3 - 1 什么是简谐振动？试分析以下几种运动是否是简谐振动。

(1)拍皮球时球的运动；

(2)一小球在半径很大的光滑凹球面底部的小幅度摆动。

解：(1)不是，因为小球在大部分运动过程中只受到重力的作用，且大小不变。(2)是，参考例 3 - 1。

3 - 2 同一弹簧振子按下图的三种方法放置，它们的振动周期分别为 T_a、T_b、T_c（摩擦力忽略），则三者之间的关系如何？

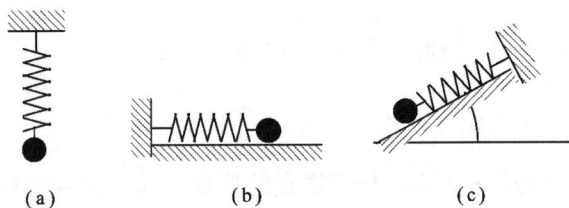

题 3 - 2 图

解：$T_a = T_b = T_c$

因为 T 由系统本身的性质决定，与初始条件无关，在本题中决定 T 值的弹簧劲度系数和振子的质量都相同，所以三种状态下的周期都相同。

3 - 3 一质点做简谐振动，已知振动周期为 T，则其振动动能变化的周期是多少？

解：$T/2$，因为 $E_k = \dfrac{1}{2}m\omega^2 A^2 \sin^2(\omega t + \varphi)$。

3 - 4 在下面几种说法中，正确的是：

(1)波源不动时，波源的振动周期与波动的周期在数值上是不同的；

(2)波源振动的速度与波速相同；

(3)在波传播方向上的任意两质点振动位相总是比波源的位相滞后；

(4)在波传播方向上的任一质点的振动位相总是比波源的位相超前。

解：正确的说法是(3)。

(1)波是振动状态的传递，波的周期由波源决定。

(2)波源振动的速度是质点的运动速度，其大小随质点离开平衡位置而改变，波速则是质点间振动的传播速度，在均匀介质中其大小是不变的，两者是不同的。

3 - 5 平面简谐波沿 Ox 正方向传播，波动方程为

$$y = 0.10\cos\left[2\pi\left(\frac{t}{2} - \frac{x}{4}\right) + \frac{\pi}{2}\right] (\text{SI})$$

该波在 $t = 0.5\text{s}$ 时刻的波形图是( )。

解：正确的说法是(b)

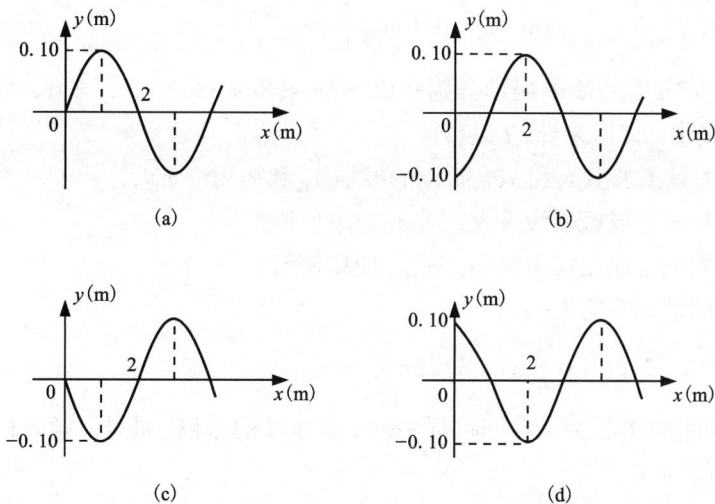

(a)　　　　　　　　　　　　　(b)

(c)　　　　　　　　　　　　　(d)

题 3 - 5 图

3 - 6　一个谐振子在 $t = 0$ 时，位于离平衡位置 6cm 处，速度为 0，振动的周期是 2s，求简谐振动的位移表达式和速度表达式。

解： 将已知条件代入振动方程 $x = A\cos(\omega t + \varphi)$ 即可解出

$$x = 0.06\cos\pi t$$

$$v = -0.06\pi\sin\pi t = 0.06\pi\cos\left(\pi t + \frac{\pi}{2}\right)$$

3 - 7　做简谐振动的小球，振动速度的最大值为 $v_m = 3\text{cm/s}$，振幅为 $A = 2\text{cm}$，求：(1)小球振动的周期，(2)最大加速度；(3)若以速度为正最大时作计时零点，求振动方程。

解： (1)由振动机械能公式 $E = \dfrac{1}{2}mv^2 = \dfrac{1}{2}kA^2$，$v_m = 3\text{cm/s}$，振幅为 $A = 2\text{cm}$，代入可得

$\dfrac{m}{k} = \dfrac{4}{9}$，由周期公式 $T = 2\pi\sqrt{\dfrac{m}{k}}$ 可得，$T = \dfrac{4\pi}{3}$。

(2)由 $a = -A\omega^2\cos(\omega t + \varphi)$，$a_{\max} = A\omega^2 = A\left(\dfrac{2\pi}{T}\right)^2 = 4.5(\text{cm/s}^2)$。

(3)$x = 2\cos(1.5t - 0.5\pi)(\text{cm})$。

3 - 8　图为两个谐振动的 $x - t$ 曲线，试分别写出其谐振动方程。

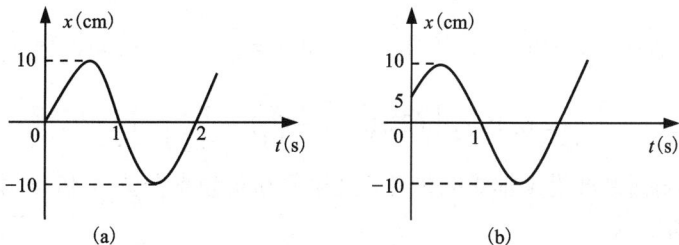

(a)　　　　　　　　　　　　　(b)

题 3 - 8 图

解：$x_a = 0.1\cos(\pi t + \frac{3}{2}\pi)\,\mathrm{m}$，$x_b = 0.1\cos(\frac{5}{6}\pi t + \frac{5\pi}{3})\,(\mathrm{m})$

3-9　三个同方向的简谐振动分别为 $x_1 = 3\cos(8t + 3\pi/4)$，$x_2 = 4\cos(8t + \pi/4)$，$x_3 = 3\cos(8t + \varphi_3)$，式中 x 以厘米计，t 以秒计。

(1)作旋转矢量图求出 x_1 和 x_2 合振动的振幅 A_{12} 和初相位 φ_{12}；

(2)欲使 x_1 和 x_3 合成振幅为最大，则 φ_3 应取何值？

(3)欲使 x_2 和 x_3 合成振幅为最小，则 φ_3 应取何值？

解：解题方法请参考例 3-2。

(1)5cm，81°；(2)$2k\pi + \frac{3}{4}\pi$；(3)$2k\pi + \frac{5}{4}\pi$。

3-10　已知波动方程为 $y = A\cos(bt - cx)$，试求波的振幅、波速、频率和波长。

解：波的振幅为 A

根据时间和空间的周期性有 $T = \frac{2\pi}{b}$，$\lambda = \frac{2\pi}{c}$。

即波速为 $u = \frac{\lambda}{T} = \frac{b}{c}$，频率为 $\nu = \frac{1}{T} = \frac{b}{2\pi}$。

3-11　沿绳子行进的横波波动方程为 $y = 0.10\cos(0.01\pi x - 2\pi t)\,\mathrm{m}$，求：(1)波的振幅、频率、传播速度和波长；(2)绳子上某质点的最大横向振动速度。

解：(1)波的振幅 $A = 0.10\,(\mathrm{m})$；频率 $v = \frac{\omega}{2\pi} = \frac{2\pi}{2\pi} = 1\,(\mathrm{Hz})$；

传播速度 $u = \frac{2\pi}{0.01\pi} = 200\,(\mathrm{m\cdot s^{-1}})$；波长 $\lambda = \frac{2\pi}{0.01\pi} = 200\,(\mathrm{m})$。

(2)绳上某质点的最大横向振动速度 $v_{max} = \omega A = 2\pi \times 0.10 = 0.63\,(\mathrm{m\cdot s^{-1}})$。

3-12　有一列平面简谐波，坐标原点按 $y = A\cos(\omega t + \varphi)$ 的规律振动。已知 $A = 0.10\,\mathrm{m}$，$T = 0.50\,\mathrm{s}$，$\lambda = 10\,\mathrm{m}$。试求：(1)波动方程；(2)波线上相距 2.5m 的两点的相位差；(3)假如 $t = 0$ 时处于原点质点的振动位移为 $y_0 = 0.05\,\mathrm{m}$，且向平衡位置运动，求原点初相位和波动方程。

解：(1)波动方程

$$y = A\cos\left[2\pi\left(\frac{t}{T} - \frac{x}{\lambda}\right) + \varphi\right] = 0.10\cos\left[2\pi\left(2.0t - \frac{x}{10}\right) + \varphi\right]$$

(2)相位差 $\Delta\varphi = 2\pi\left(\frac{x+2.5}{\lambda} - \frac{x}{\lambda}\right) = \frac{\pi}{2}$

(3)$t = 0$ 时有 $0.05 = 0.10\cos\varphi$，根据题意解出 $\varphi = \frac{\pi}{3}$，于是波动方程为

$$y = 0.10\cos\left[\left(2\pi\left(2.0t - \frac{x}{10}\right) + \frac{\pi}{3}\right)\right]\,(\mathrm{m})$$

3-13　一平面简谐波沿 x 轴正向传播，其振幅和角频率分为 A 和 ω，波速为 u，设 $t = 0$ 时的波形曲线如图所示。

(1)写出此波的波动方程；

(2)求距 O 点分别为 $\lambda/8$ 和 $3\lambda/8$ 两处质点的振动方程。

解： (1) $y = A\cos\left[\omega t - (\omega x/u) + \dfrac{1}{2}\pi\right]$

(2) $x = \lambda/8$ 的振动方程为

$y = A\cos(\omega t + \pi/4)$

$x = 3\lambda/8$ 的振动方程为

$y = A\cos(\omega t + 7\pi/4)$。

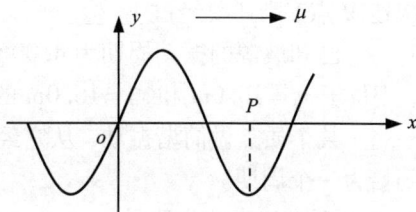

题 3-13 图

3-14　P 和 Q 是两个同方向、同频率、同相位、同振幅的波源所在处。设它们在介质中产生的波长为 λ，PQ 之间的距离为 1.5λ。R 是 PQ 连线上 Q 点外侧的任意一点。试求：(1) PQ 两点发出的波到达 R 时的相位差；(2) R 点的振幅。

解： (1) 由题意，$\varphi_1 = \varphi_2$，则 R 点处两波的相位差为

$$\Delta\varphi = \varphi_2 - \varphi_1 - 2\pi\frac{r_2 - r_1}{\lambda} = 2\pi\frac{1.5\lambda}{\lambda} = 3\pi$$

(2) 相位差为 π 的奇数倍，R 点处于干涉相消的位置，即 $A_R = 0$。

3-15　汽车驶过车站时，车站上的观测者测得汽笛声频率由 1200Hz 变为 1000Hz，设空气中声速为 $330\mathrm{m \cdot s^{-1}}$，求汽车的速率。

解： 设汽车的速度为 v_s，汽车在驶近车站时，车站收到的频率为

$$v_1 = \frac{u}{u - v_s}v_0$$

汽车驶离车站时，车站收到的频率为 $v_2 = \dfrac{u}{u + v_s}v_0$

联立以上两式，得

$$v_s = u\frac{v_1 - v_2}{v_1 + v_2} = 330 \times \frac{1200 - 1000}{1200 + 1000} = 30(\mathrm{m \cdot s^{-1}})$$

3-16　两列火车分别以 $72\mathrm{km \cdot h^{-1}}$ 和 $54\mathrm{km \cdot h^{-1}}$ 的速度相向而行，第一列火车发出一个 600Hz 的汽笛声，若声速为 $340\mathrm{m \cdot s^{-1}}$，那么第二列火车上的观测者听见该声音的频率在相遇前和相遇后分别是多少？

解： 设鸣笛火车的车速为 $v_1 = 20\mathrm{m \cdot s^{-1}}$，接收鸣笛的火车车速为 $v_2 = 15\mathrm{m \cdot s^{-1}}$，则两者相遇前收到的频率为

$$v_1 = \frac{u + v_2}{u - v_1}v_0 = \frac{340 + 15}{340 - 20} \times 600 = 665(\mathrm{Hz})$$

两车相遇之后收到的频率为

$$v_1 = \frac{u - v_2}{u + v_1}v_0 = \frac{340 - 15}{340 + 20} \times 600 = 541(\mathrm{Hz})$$

五、自测题

3-1　光滑水平面上水平放置一弹簧 AB，A 端固定，B 受 1N 拉力时弹簧伸长 5cm，现在 B 点系一个质量为 100g 的小球，并使弹簧伸长 10cm，放手后让其做简谐振动，其振动的振幅是_____ cm，振动中加速度的最大值是_____ $\mathrm{m \cdot s^{-2}}$。

3-2　一质点在 O 点附近做简谐振动，从 O 向 M 点运动 3s 第一次到达 M 点，再经过 2s

第二次达 M 点，则还要经过_____ s，它才能第三次到达 M 点。

3-3 已知波源的振动周期为 4.00×10^{-2} s，波的传播速度为300m/s，波沿 x 轴正方向传播，则位于 $x_1 = 10.0$ m 和 $x_2 = 16.0$ m 的两质点振动相位差为_____。

3-4 某个质点做简谐振动，从它经过某一位置开始计时，满足_____项，质点经过的时间恰为一个周期。

A. 质点再次经过此位置时

B. 质点速度再次与零时刻的速度相同时

C. 质点的加速度再次与零时刻的加速度相同时

D. 只有同时满足 A、B 或 B、C 时

3-5 S_1 和 S_2 是波长均为 λ 的两个相干波的波源，相距 $3\lambda/4$，S_1 的相位比 S_2 超前 $\frac{1}{2}\pi$。若两波单独传播时，在过 S_1 和 S_2 的直线上各点的强度相同，不随距离变化，且两波的强度都是 I_0，则在 S_1、S_2 连线上 S_1 外侧和 S_2 外侧各点，合成波的强度分别是_____。

A. $4I_0$，$4I_0$ B. 0，0

C. 0，$4I_0$ D. $4I_0$，0

3-6 沿着相反方向传播的两列相干波，其表达式为 $y_1 = A\cos 2\pi(\nu t - x/\lambda)$ 和 $y_2 = A\cos 2\pi(\nu t + x/\lambda)$，在叠加后形成的驻波中，各处简谐振动的振幅是_____。

A. A B. $2A$

C. $2A\cos(2\pi x/\lambda)$ D. $|2A\cos(2\pi x/\lambda)|$

3-7 已知一简谐振动的周期为1s，振动曲线如图所示。求：(1)谐振动的余弦表达式；(2)a、b、c 各点的相位及这些状态所对应的时刻。

3-8 一横波沿绳子传播时的波动方程为：$y = 0.05\cos(10\pi t - 4\pi x)$，式中 y、x 以米计，t 以秒计。

(1)求绳子上各质点振动时的最大速度和最大加速度；

(2)求 $x = 0.2$ m 处质点在 $t = 1$ s 时刻的相位，它是原点处质点在哪一时刻的相位？这一相位所代表的运动状态在 $t = 1.25$ s 时刻到达哪一点？在 $t = 1.5$ s 时刻到达哪一点？

3-9 一平面简谐波，频率为300Hz，波速为340m/s，在截面面积为 3.00×10^{-2} m² 的管内空气中传播，若在10s内通过截面的能量为 2.70×10^{-2} J，求：

(1)通过截面的平均能流；

(2)波的平均能流密度；

(3)波的平均能量密度。

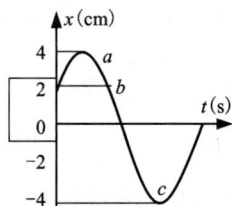

自测题 3-7 图

第四章　波动光学

一、基本要求

1. 掌握杨氏双缝干涉、薄膜干涉、夫琅禾费单缝衍射、光栅衍射的基本原理和公式。
2. 掌握偏振的有关概念及马吕斯定律。
3. 理解光的相干性以及光程、光程差、半波损失等概念，理解布儒斯特定律。
4. 了解劈尖干涉、牛顿环、迈克耳逊干涉仪的有关原理和公式。
5. 了解圆孔衍射、光的双折射现象和旋光现象。

二、本章提要

1. 光的相干性

(1) 两波干涉的条件：振动方向相同，频率相同，相位差恒定。

(2) 相干光的获得：①分波阵面法；②分振幅法。

(3) 半波损失：当光由光疏介质入射到光密介质在界面上发生反射时，反射光的相位发生相位 π 的突变的缘故，这种现象称为半波损失。相当于反射光多走或少走了半个波长。

(4) 光程与光程差。

光程：光在介质中传播的几何路程与介质折射率的乘积。

光程差：若两束光沿不同方向传播，所经历的几何路程 r_1 和 r_2 上的介质折射率分别为 n_1 和 n_2，则光程差 $\Delta = n_2 r_2 - n_1 r_1$。

2. 杨氏双缝干涉实验

光强在屏幕上不同位置的变化规律为

$$x = \begin{cases} \pm k \dfrac{D}{d} \lambda & \text{明纹中心} \\ \pm (2k+1) \dfrac{D}{d} \dfrac{\lambda}{2} & \text{暗纹中心} \end{cases} \quad (k = 0, 1, 2, \cdots)$$

相邻两明纹或暗纹的间距

$$\Delta x = x_{k+1} - x_k = \frac{D}{d} \lambda$$

3. 等倾干涉

$$\delta = 2e \sqrt{n_2^2 - n_1^2 \sin^2 i} + \lambda/2 = \begin{cases} k\lambda & (k=1,2,3,\cdots) \quad \text{（加强）} \\ (2k+1)\lambda/2 & (k=0,1,2,\cdots) \quad \text{（减弱）} \end{cases}$$

4. 等厚干涉

(1) 劈尖干涉。当光垂直入射时

$$\text{光程差 } \Delta = 2ne + \frac{\lambda}{2} = \begin{cases} k\lambda & \text{明纹}(k=1,2,3,\cdots) \\ (2k+1)\dfrac{\lambda}{2} & \text{明纹}(k=0,1,2,\cdots) \end{cases}$$

① 棱边处为暗纹。

② 相邻明纹(或暗纹)中心对应的介质膜厚度差为 $\Delta e = \dfrac{\lambda}{2n}$。

③ 相邻明纹(或暗纹)中心的间距为 $L = \dfrac{\Delta e}{\sin\theta} = \dfrac{\lambda}{2n\sin\theta} \approx \dfrac{\lambda}{2n\theta}$。

(2)牛顿环

光程差 $\Delta = 2ne + \dfrac{\lambda}{2} = \begin{cases} k\lambda & \text{明纹}(k=1,2,3,\cdots) \\ (2k+1)\dfrac{\lambda}{2} & \text{暗纹}(k=0,1,2,\cdots) \end{cases}$

明暗纹半径公式 $r = \begin{cases} \sqrt{\dfrac{(2k-1)R\lambda}{2n}} & \text{明纹}(k=1,2,3,\cdots) \\ \sqrt{\dfrac{kR\lambda}{n}} & \text{暗纹}(k=0,1,2,\cdots) \end{cases}$

(3)迈克耳逊干涉仪

$$d = N\lambda/2$$

5. 单缝衍射

$$a\sin\varphi = \begin{cases} \pm 2k\dfrac{\lambda}{2} & \text{暗纹} \\ \pm(2k+1)\dfrac{\lambda}{2} & \text{明纹} \end{cases} \quad (k=1,2,3,\cdots)$$

单缝衍射条纹为中央宽、两边窄的左右对称的明暗相间的条纹。中央明纹的角宽度 $\Delta\varphi = \dfrac{2\lambda}{a}$,线宽度 $\Delta x = 2f\dfrac{\lambda}{a}$;其中明纹角宽度 $\Delta\varphi = \dfrac{\lambda}{a}$,线宽度 $\Delta x = f\dfrac{\lambda}{a}$。

6. 圆孔衍射

爱里斑的半角宽度 $\Delta\theta = 0.61\dfrac{\lambda}{r} = 1.22\dfrac{\lambda}{d}$。

爱里斑的半径 $R = f\tan\Delta\theta \approx \Delta\theta = 1.22\dfrac{\lambda}{d}f$。

7. 光栅衍射

光栅方程 $(a+b)\sin\varphi = d\sin\varphi = \pm k\lambda (k=0,1,2,\cdots)$。

缺失的级次 $k = \pm\dfrac{a+b}{a}k$。

8. 马吕斯定律

$$I = I_0\cos^2\alpha$$

9. 布儒斯特定律

$$\tan i_0 = \dfrac{n_2}{n_1}$$

三、典型例题

例 4-1 如图 4-1 为杨氏双缝实验,$D=2\text{m}$,$d=1\text{mm}$,$\lambda=600\text{nm}$,用厚度为 $l=0.6\mu\text{m}$,折射率 $n=1.5$,光强吸收率为 50% 的透明薄片挡住狭缝 S_1,求屏幕上 O 点的光强(设光单独通

过无遮挡的 S_1 和 S_2 时，O 点光强为 I_0）。

解： 分析 S_1 缝被遮挡，对屏幕上的干涉条纹的影响：（1）改变了两束光到达各点的光程差——使明、暗条纹位置发生变化；（2）光线 1 的光强变为 $\dfrac{I_0}{2}$——使干涉条纹的光强也发生变化。

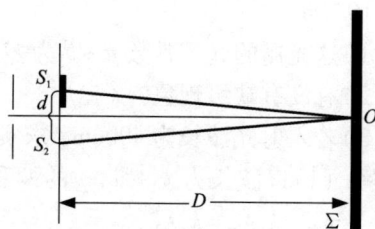

S_1 未遮挡时，O 点为零级明条纹中心，光强为 $4I_0$。S_1 被遮挡，光线 1 的光程增加

$$\Delta l = (n-1)l = (1.5-1) \times 0.6 = 0.3\,\mu m = \frac{\lambda}{2}$$

所以两束光到达 O 点的光程差由原来的 0 变为 $\lambda/2$，O 点为 1 级暗条纹。

暗纹光强

$$I_{\min} = I_1 + I_2 - 2\sqrt{I_1 I_2}$$

$$= \frac{I_0}{2} + I_0 - 2\sqrt{\frac{I_0^2}{2}} = 0.086 I_0$$

事实上，由于 S_1 的遮挡，使整个观察屏上明、暗纹的位置发生了交换，暗纹的光强不再为 0，明纹的光强也不再是 $4I_0$，而是

$$I_{\max} = I_1 + I_2 + 2\sqrt{I_1 I_2}$$

$$= 1.5 I_0 + \sqrt{2} I_0 = 2.9 I_0$$

例 4－2　波长为 $\lambda = 600\text{nm}$ 的单色光垂直入射到置于空气中的平行薄膜上，已知膜的折射率 $n = 1.54$，求：

（1）反射光最强时膜的最小厚度；

（2）透射光最强时膜的最小厚度。

解： 分析空气中的薄膜，上表面的反射光有半波损失，设薄膜厚度为 h，反射光最强必须满足

$$\delta = 2hn + \frac{\lambda}{2} = k\lambda \quad (k = 1, 2, 3, \cdots) \tag{1}$$

透射光最强时，亦即反射光最弱，必须满足

$$\Delta = 2hn + \frac{\lambda}{2} = (2k+1)\frac{\lambda}{2} \quad (k = 0, 1, 2, \cdots)$$

$$2hn = k\lambda \tag{2}$$

（1）反射光最强时，膜的最小厚度满足 $2h_{\min}n + \dfrac{\lambda}{2} = \lambda$

$$h_{\min} = \frac{\lambda}{4n} = \frac{600}{4 \times 1.54} = 97.4\text{nm} = 0.097(\mu m)$$

（2）透射光最强时，膜的最小厚度满足 $2h'_{\min}n = \lambda$

$$h'_{\min} = \frac{\lambda}{2n} = \frac{600}{2 \times 1.54} = 195\text{nm} = 0.195(\mu m)$$

例 4－3　以波长分别为 $\lambda_1 = 400\text{nm}$ 和 $\lambda_2 = 600\text{nm}$ 的两种单色光同时垂直照射某光栅，发现除零级以外，它们的谱线第二次重叠在 $\varphi = 30°$ 的方向上，已知光栅的透光缝宽度为 $a =$

例 4 – 1 图

9.6×10^{-7}m。

(1)这光栅的光栅常数 $a+b$ 为多少？

(2)有没有缺级现象？

(3)若入射光波长为 400nm，求实际呈现的明条纹的全部级数及总条数。

解：(1)以波长为 λ_1 和 λ_2 的两种单色光垂直照射光栅时，谱线重叠的衍射角 φ 满足 $(a+b)\sin\varphi = k_1\lambda_1 = k_2\lambda_2$

由题意

$$\frac{k_1}{k_2} = \frac{3}{2}$$

为了保证 k_1 与 k_2 的取值都是整数。除零级外，它们的谱线各次重叠时 k 的取值分别为

第一次　$k_1=3, k_2=2$；　　　　　　第二次　$k_1=6, k_2=4$；

第三次　$k_1=9, k_2=6$；　　　　　　……

由题意，第二次重叠时衍射角 $\varphi=30°$，即 $(a+b)\sin\varphi = k_1\lambda_1$ [或$(a+b)\sin\varphi = k_2\lambda_2$]

$$a+b = \frac{k_1\lambda_1}{\sin\varphi} = 4.8 \times 10^{-6}(\text{m})$$

(2)由于 $\dfrac{a+b}{a} = 5$，第 5,10,15,20,…等级次的明条纹为缺级。

(3)令 $\varphi = \pi/2$，求得呈现的最高级次满足 $(a+b)\sin\varphi = k_{\max}\lambda_1$

即

$$k_{\max} = \frac{a+b}{\lambda_1} = 12$$

考虑到第 12 级呈现在 $\varphi = \dfrac{\pi}{2}$ 的方向上，且第 5 级和第 10 级为缺级，所以在 $-\dfrac{\pi}{2} < \varphi < \dfrac{\pi}{2}$ 范围内实际呈现的全部级数为

$$k = 0, \pm 1, \pm 2, \pm 3, \pm 4, \pm 6, \pm 7, \pm 8, \pm 9, \pm 11$$

共计 19 条明纹。

四、思考题与习题解答

4-1　如图，S_1 和 S_2 是放在空气中的两个相干光源，它们到 P 点的距离分别为 r_1 和 r_2，现在 S_1P 和 S_2P 上分别放一块厚度为 t_1、t_2，折射率为 n_1、n_2 的介质板，试问通过这两条路径的光程差是多少？并由此说明光程的物理意义。

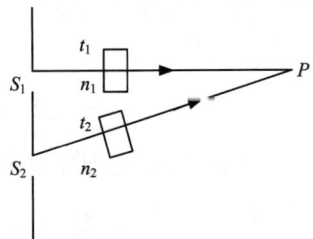

思考题 4-1 图

解：S_1P 上光走的路程为 $(r_1-t_1)+t_1n_1$

S_2P 上光走的路程为 $(r_2-t_2)+t_2n_2$

光程差为 $(r_1-t_1)+t_1n_1-(r_2-t_2)+t_2n_2 = [r_1+(n_1-1)t_1] - [r_2+(n_2-1)t_2]$

光程是指光在介质中传播的几何路程与介质折射率的乘积。

4-2　用白色线光源做双缝干涉实验时，若在缝 S_1 后面放一红色滤光片，S_2 后面放一绿色滤光片，能否观察到干涉条纹？为什么？

解：不能，因为频率不再相同，不满足相干条件。

4-3　在单缝夫琅禾费衍射实验中，试讨论下列情况衍射图样的变化：(1)狭缝变窄；(2)入射光的波长增大；(3)单缝垂直于透镜光轴上下平移；(4)线光源 S 垂直透射光轴上下

平移；(5)单缝沿透镜光轴向观察屏平移。

解：由已知公式 $a\sin\varphi = \begin{cases} \pm 2k\dfrac{\lambda}{2} & 暗纹 \\ \pm(2k+1)\dfrac{\lambda}{2} & 明纹 \end{cases}$　$(k=1,2,3,\cdots)$

中央明纹的角宽度 $\Delta\varphi = \dfrac{2\lambda}{a}$，线宽度 $\Delta X = 2f\cdot\dfrac{\lambda}{a}$；

其他明纹角宽度 $\Delta\varphi = \dfrac{\lambda}{a}$，线宽度 $\Delta x = f\cdot\dfrac{\lambda}{a}$。

(1)狭缝变窄：a 减小，则中央明纹变宽，条纹间距变大，条纹变疏；

(2)入射光的波长增大：λ 增大，则中央明纹变宽，条纹间距变大，条纹变疏；

(3)单缝垂直于透镜光轴上下平移：条纹不变；

(4)线光源 S 垂直透射光轴上下平移：条纹不变；

(5)单缝沿透镜光轴向观察屏平移：条纹不变。

4－4　在杨氏双缝实验中，缝到屏幕的距离 $D=100\,\text{cm}$，若光源是含有蓝、绿两种颜色的复色光，它们的波长分别为 4360Å 和 5460Å，并测得两种光的第 2 级亮纹相距 0.96mm，那么双缝间距 d 为多少？

解：杨氏双缝光强在屏幕上不同位置的变化规律为

$$x = \begin{cases} \pm k\dfrac{D}{d}\lambda & 明纹中心 \\ \pm(2k+1)\dfrac{D}{d}\dfrac{\lambda}{2} & 暗纹中心 \end{cases}\quad (k=0,1,2,\cdots)$$

相邻两明纹或暗纹的间距

$$\Delta x = x_{k+1} - x_k = \frac{D}{d}\lambda$$

则

$$x = k\frac{D}{d}\lambda$$

$$\Delta x = x_2 - x_1 = 2\frac{D}{d}(\lambda_2 - \lambda_1)$$

$$d = 2\frac{D}{\Delta x}(\lambda_2 - \lambda_1) = 2\frac{1}{9.6\times10^{-4}}(5460\times10^{-10} - 4360\times10^{-10}) = 2.3\times10^{-4}\text{m} = 0.23(\text{mm})$$

4－5　单色光源 S 照射双缝时，在屏上形成的干涉图样的零级明条纹位于 O 点，如图所示。若将缝光源 S 移至 S' 位置，零级明条纹将发生移动。(1)要使零级明条纹移回 O 点，请问必须在哪个缝处覆盖一薄云母片才有可能？(2)如果欲使移动了 4 个明纹间距的零级明纹移回到 O 点，那么所用云母片的厚度为多少？（已知云母片的折射率为 1.58，所用单色光的波长为 589nm）

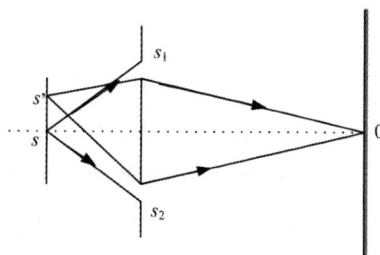

习题 4－5 图

解：欲使条纹不移动，需在缝 S_1 上覆盖云母片

原来 $r_2 - r_1 = 4\lambda$

现在 $r_2 - (r_1 - e + ne) = 0$

$(n-1)e = 4\lambda$

$$e = \frac{4\lambda}{n-1} = \frac{4 \times 589}{1.58-1} = 4062(\text{nm})$$

4-6 薄钢片上有两条紧靠的平行细缝,用波长 $\lambda = 5461\text{Å}$ 的平面光波正入射到钢片上,屏幕距双缝的距离为 $D = 2.00\text{m}$,测得中央明条纹两侧的第五级明条纹间的距离为 $\Delta x = 12.0\text{mm}$。(1)求两缝间的距离。(2)从任一明条纹(记做0)向一边数到第20条明条纹,共经过多大距离?(3)如果使光波斜入射到钢片上,条纹间距将如何改变?

解:(1)由杨氏双缝明纹公式 $x = \dfrac{kD\lambda}{d}$

第五级明条纹间的距离 $\Delta x = 2x_5 = \dfrac{2kD\lambda}{d}$

$$d = \frac{2kD\lambda}{\Delta x} = 0.910(\text{mm})$$

(2) $L_{20} = 20\Delta x = \dfrac{20D\lambda}{d} = 24.0(\text{mm})$

(3)因为两组光线都增加一个固定大小的光程差,所以条纹间距不变。

4-7 (1)白光垂直照射空气中一厚度为 $e = 3800\text{Å}$ 的肥皂膜上,肥皂膜的折射率 $n = 1.33$,在可见光的范围($4000\text{Å} \sim 7600\text{Å}$),哪些波长的光在反射中增强?(2)若用此白光垂直照射置于空气中的玻璃片,已知玻璃片的厚度为 $0.50\mu\text{m}$、折射率为 1.50,问在可见光的范围内,哪些波长的透射光有最大限度的削弱?

解:由反射干涉相长公式有

$$2ne + \frac{\lambda}{2} = k\lambda \qquad (k = 1, 2, \cdots)$$

得

$$\lambda = \frac{4ne}{2k-1} = \frac{4 \times 1.33 \times 3800}{2k-1} = \frac{20216}{2k-1}$$

$k = 2$,$\lambda_2 = 6739\text{Å}$(红色)

$k = 3$,$\lambda_3 = 4043\text{Å}$(紫色)

所以肥皂膜正面呈现紫红色。

透射光有最大限度削弱即反射光线加强

$$2ne + \frac{\lambda}{2} = k\lambda, \quad \lambda = \frac{4ne}{2k-1} = \frac{4 \times 1.5 \times 5000}{2k-1} = \frac{30000}{2k-1}$$

$k = 3$,$\lambda_3 = 6000\text{Å}$(红色)

$k = 4$,$\lambda_4 = 4285\text{Å}$(紫色)

4-8 折射率为 1.60 的两块标准平面玻璃板之间形成一个劈尖(劈尖角 θ 很小)。用波长 $600\text{nm}(1\text{nm} = 10^{-9}\text{m})$ 的单色光垂直入射,产生等厚干涉条纹,假如在劈尖内充满 $n = 1.40$ 的液体时的相邻明纹间距比劈尖内是空气时的间距缩小 $\Delta l = 0.5\text{mm}$,那么劈尖角 θ 应是多少?

解:空气劈尖时,干涉条纹间距 $l_1 = \dfrac{\lambda}{2n\sin\theta} \approx \dfrac{\lambda}{2\theta}$

液体劈尖时，干涉条纹间距 $l_2 = \dfrac{\lambda}{2n\sin\theta} \approx \dfrac{\lambda}{2n\theta}$

由题意 $\Delta l = l_1 - l_2 = \dfrac{\lambda}{2\theta}(1 - \dfrac{1}{n})$

$$\theta = \dfrac{\lambda}{2\Delta l}(1 - \dfrac{1}{n}) = \dfrac{600 \times 10^{-9}}{2 \times 0.5 \times 10^{-3}}(1 - \dfrac{1}{1.40}) = 1.7 \times 10^{-4}(\text{rad})$$

4−9 图示一牛顿环装置，设平凸透镜中心恰好和平玻璃接触，透镜凸表面的曲率半径是 $R = 400\text{cm}$。用某单色平行光垂直入射，观察反射光形成的牛顿环，测得第 5 个明环的半径是 0.30cm；（1）求入射光的波长。（2）设图中 $OA = 1.00\text{cm}$，求在半径为 OA 的范围内可观察到的明环数目。

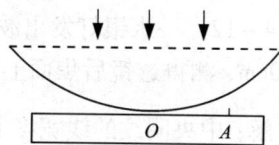

习题 4−9 图

解：

$$\Delta = 2ne + \dfrac{\lambda}{2} = \begin{cases} k\lambda & \text{明纹}(k = 1,2,3,\cdots) \\ (2k+1)\dfrac{\lambda}{2} & \text{暗纹}(k = 0,1,2,\cdots) \end{cases}$$

$$r = \begin{cases} \sqrt{\dfrac{(2k-1)R\lambda}{2n}} & \text{明纹}(k = 1,2,3,\cdots) \\ \sqrt{\dfrac{kR\lambda}{n}} & \text{暗纹}(k = 0,1,2,\cdots) \end{cases}$$

$$\dfrac{r^2}{R} + \dfrac{\lambda}{2} = k\lambda$$

$$\lambda = \dfrac{r^2}{R(k-1/2)} = 5000(\text{Å})$$

$$K = \dfrac{r^2}{R\lambda} + \dfrac{1}{2} = 50.5 \text{ 共 50 个}$$

4−10 在牛顿环装置的平凸透镜和平玻璃板之间充满折射率 $n = 1.33$ 的透明液体（设平凸透镜和平玻璃板的折射率都大于 1.33）。凸透镜的曲率半径为 300cm，波长 $\lambda = 6500\text{Å}$ 的平行单色光垂直照射到牛顿环装置上，凸透镜顶部刚好与平玻璃板接触。求：（1）从中心向外数第十个明环所在处的液体厚度 e_{10}；（2）第十个明环的半径 r_{10}。

解：（1）设第十个明环处液体厚度为 e_{10}，则

$$2n\, e_{10} + \lambda/2 = 10\lambda$$

$$e_{10} = (10\lambda - \lambda/2)/2n = 19\lambda/4n$$

$$= 2.32 \times 10^{-4}(\text{cm})$$

（2）
$$R^2 = r_k^2 + (R - e_k)^2$$

$$= r_k^2 + R^2 - 2Re_k + e_k^2$$

因为 $e_k \ll R$，略去 e_k^2，得

$$r_k = \sqrt{2Re_k}$$

$$r_{10} = \sqrt{2Re_{10}} = 0.373(\text{cm})$$

4−11 在迈克耳逊干涉仪的一臂中放置一个长为 2.00cm 的真空玻璃管。当把某种气体缓缓通入管内时，视场中心的光强发生了 210 次周期性变化，求该气体的折射率。（已知

光波波长为5790Å）

解：$d = N\lambda/2$

由题意知道 $N = 210$，波长为5790Å

$d = (n-1)l$

$n = 1 + \dfrac{d}{l} = 1 + \dfrac{210 \times 5790 \times 10^{-10}/2}{2 \times 10^{-2}} = 1.00304$

4-12   一水银灯发出波长为 $\lambda = 5460$Å 的绿光，垂直入射到一单缝上，缝后透镜的焦距为40cm，测得透镜后焦面上衍射花样的中央线宽度为1.5mm，试求单缝宽度。

解：中央明纹的线宽度 $\Delta x = 2f \cdot \dfrac{\lambda}{a}$

$a = 2f \cdot \dfrac{\lambda}{\Delta x}$

由题意可知 $a = 2 \times 0.4 \times \dfrac{5460 \times 10^{-10}}{1.5 \times 10^{-3}} = 0.29 \times 10^{-3}$（m）

4-13   钠黄光的波长 $\lambda = 5893$Å，用作夫琅禾费单缝衍射实验的光源，测得第二级极小至衍射花样中心的线距离为0.30cm。当用波长未知的光作实验时，测得第三级极小离中心的线距离为0.42cm，求未知波长。

解：夫琅禾费单缝衍射条纹公式为

$$a\sin\varphi = \begin{cases} \pm 2k \dfrac{\lambda}{2} & \text{暗纹} \\[2mm] \pm(2k+1)\dfrac{\lambda}{2} & \text{明纹} \end{cases} \quad (k = 1,2,3,\cdots)$$

暗纹位置为

$$x = \dfrac{k\lambda f}{a}$$

由题意

$$x_2 = \dfrac{2\lambda f}{a} = 0.30\,(\text{cm}), \quad x_3 = \dfrac{3\lambda' f}{a} = 0.42\,(\text{cm})$$

可得

$$\dfrac{x_2}{x_3} = \dfrac{2\lambda}{3\lambda'} = \dfrac{0.30}{0.42}$$

$$\lambda' = 5500\text{Å}$$

4-14   波长范围在 $450 \sim 650$nm 之间的复色平行光垂直照射在每厘米有5000条刻痕的光栅上，屏幕放在透镜的焦平面上，屏上第二级光谱各色光在屏幕上所占范围的宽度为35.1cm，求此透镜的焦距。

解：光栅常数 $d = 1 \times 10^{-2}/5000 = 2 \times 10^{-6}$m

设 $\lambda_1 = 450$nm，$\lambda_2 = 650$nm，则据光栅方程，λ_1 和 λ_2 的第2谱线有

$$d\sin\varphi_1 = 2\lambda_1 ; \quad d\sin\varphi_2 = 2\lambda_2$$

据上式得

$$\varphi_1 = \arcsin^{-1}(2\lambda_1/d) = 26.74° \qquad \varphi_2 = \arcsin^{-1}(2\lambda_2/d) = 40.54°$$

第2级光谱的宽度 $x_2 - x_1 = f(\tan\varphi_2 - \tan\varphi_1)$

得透镜的焦距 $f = (x_2 - x_1)/(\tan\varphi_2 - \tan\varphi_1) = 100$（cm）

4-15   一光栅在波长为600nm的单色光垂直照射时，发现第2级和3级明条纹分别出

现在 $\sin\theta = 0.20$ 与 $\sin\theta = 0.30$ 处，且第4级为第一次缺级。试求：(1)光栅常量；(2)光栅上狭缝宽度；(3)屏上实际呈现的全部级数。

解： $(a+b) = \dfrac{k\lambda}{\sin\theta} = \dfrac{2 \times 6000 \times 10^{-10}}{0.2} = 6 \times 10^{-6}(\mathrm{m})$

$a' = \dfrac{(a+b)}{4} = 1.5 \times 10^{-6}(\mathrm{m})$

$k = \dfrac{a+b}{\lambda}\sin\varphi = \dfrac{6 \times 10^{-6} \times 1}{6 \times 10^{-7}} = 10(\varphi = 90°)$

$k = 0, \pm1, \pm2, \pm3, \pm5, \pm6, \pm7, \pm9$

4-16 两块偏振片的偏振化方向互成90°，在它们之间插入另一偏振片，使它的偏振化方向与第一偏振片的偏振化方向成 θ 角。射向第一偏振片的自然光强度为 I_0，求通过三块偏振片后的光强。(1)$\theta = 45°$；(2)$\theta = 30°$。

解： 由马吕斯定律 $I = I_0 \cos^2\alpha$，自然光透过第一块偏振片后光强为 $I_1 = \dfrac{I_0}{2}$，透过第二块偏振片时为 $I_2 = I_1 \cos^2\theta = \dfrac{I_0}{2}\cos^2\theta$，透过第三块偏振片时 $I_3 = I_2\cos^2(90°-\theta) = \dfrac{I_0}{2}\cos^2\theta\cos^2(90°-\theta)$

(1)将 $\theta = 45°$ 代入 $I_3 = \dfrac{I_0}{2}\cos^2\theta\cos^2(90°-\theta)$

$$I_3 = \dfrac{I_0}{8}$$

(2)将 $\theta = 30°$ 代入

$$I_3 = \dfrac{3I_0}{32}$$

4-17 平行平面玻璃放置在空气中，空气折射率近似为1，玻璃折射率 $n = 1.5$。试问当自然光以布儒斯特角入射到玻璃的上表面时，折射角是多少？当折射光在下表面反射时，其反射光是否是偏振光？

解： 对于玻璃板的上表面，由布儒斯特定律可知 $i_0 = \arctan 1.5 = 56.3°$，所以 $\gamma = 90° - i_0 = 33.7°$

对于玻璃的下表面，布儒斯特角为 $i'_0 = \arctan\dfrac{1}{n} = \arctan\dfrac{1}{1.5} = 33.7°$，所以玻璃板内的折射光也是以其布儒斯特角入射到玻璃板下表面上的，因此它的反射光也是偏振光。

五、自测题

4-1 在空气中有一劈形透明膜，其劈尖角 $\theta = 1.0 \times 10^{-4}\mathrm{rad}$，在波长 $\lambda = 700\ \mathrm{nm}$ 的单色光垂直照射下，测得两相邻干涉明条纹间距 $l = 0.25\mathrm{cm}$，由此可知此透明材料的折射率 $n = $ _____。$(1\mathrm{nm} = 10^{-9}\mathrm{m})$

4-2 某单色光垂直入射到一个每毫米有800条刻线的光栅上，如果第一级谱线的衍射角为30°，则入射光的波长应为_____。

4-3 在真空中波长为 λ 的单色光，在折射率为 n 的透明介质中从 A 沿某路径传播到

B，若 A、B 两点相位差为 3π，则此路径 AB 的光程为_____。

A. $1.5\ \lambda$ B. $1.5\lambda/n$

C. $1.5\ n\lambda$ D. 3λ

4 - 4 自然光以布儒斯特角由空气入射到一玻璃表面上，反射光是_____。

A. 在入射面内振动的完全线偏振光

B. 平行于入射面的振动占优势的部分偏振光

C. 垂直于入射面振动的完全线偏振光

D. 垂直于入射面的振动占优势的部分偏振光

4 - 5 在双缝干涉实验中，所用单色光的波长为 600nm，双缝间距为 1.2mm，双缝与屏相距 500mm，求相邻干涉明条纹的间距。

4 - 6 两个偏振片 P_1、P_2 叠在一起，一束单色线偏振光垂直入射到 P_1 上，其光矢量振动方向与 P_1 的偏振化方向之间的夹角固定为 30°。当连续穿过 P_1、P_2 后的出射光强为最大出射光强的 1/4 时，P_1、P_2 的偏振化方向夹角 α 是多大？

第五章 几何光学

一、基本要求

1. 掌握单球面折射成像的原理和符号规则。
2. 掌握共轴球面系统、薄透镜成像的规律；理解共轴球面系统的三对基点。
3. 掌握光学显微镜的放大率和分辨本领；了解放大镜、纤镜、望远镜的光学原理。
4. 了解眼睛的光学系统及非正视眼的矫正。

二、本章提要

1. 单球面折射成像公式

$$\frac{n_1}{u} + \frac{n_2}{v} = \frac{n_2 - n_1}{r}$$

焦距 $\qquad f_1 = \frac{n_1}{n_2 - n_1}r \qquad\qquad\qquad f_2 = \frac{n_2}{n_2 - n_1}r$

焦度 $\qquad \Phi = \frac{n_2 - n_1}{r}$

2. 薄透镜成像公式

$$\frac{1}{u} + \frac{1}{v} = \frac{1}{f}$$

焦距 $\qquad f = \left[\frac{n_2 - n_1}{n_1}\left(\frac{1}{r_1} - \frac{1}{r_2} \right) \right]^{-1}$

焦度 $\qquad \Phi = \frac{1}{f}$

3. 薄透镜组合

两个薄透镜紧密贴合在一起组成的透镜组的成像公式： $\frac{1}{u} + \frac{1}{v} = \frac{1}{f_1} + \frac{1}{f_2}$

透镜组的焦度为： $\Phi = \Phi_1 + \Phi_2$

4. 视角

从物体两端射入到眼节点的光线所夹的角度 β 称为视角。

5. 放大镜角放大率

$$\alpha = \frac{25}{f}$$

6. 显微镜的放大率

$$M = m\alpha = \frac{25s}{f_1 f_2}$$

7. 显微镜的最小分辨距离

$$z = \frac{0.61\lambda}{n\sin u} = \frac{0.61\lambda}{N \cdot A}$$

8. 望远镜的放大率

$$M = \frac{f_1}{f_2}$$

9. 纤镜

入射角 i_0 应满足 $\sin i_0 \leqslant \frac{1}{n_0}\sqrt{n_1^2 - n_2^2}$ 时光束在纤镜内传播而不外漏。

10. 眼球的结构特点和光学性质，简约眼模型的光学结构和描述参数，远点、近点和明视距离的概念，近视眼、远视眼、散光眼的光学特点及矫正方法。

三、典型例题

例 5 – 1　人眼的角膜可看作是曲率半径为 7.8mm 的单球面，眼外是空气，眼内是折射率为 1.33 的液体。如果瞳孔看起来好像在角膜后 3.6mm 处，直径为 4mm，求瞳孔在眼中的实际位置。

解： 将 $n_1 = 1.33$，$n_2 = 1$，$r = -7.8$mm，$v = -3.6$mm 代入 $\frac{n_1}{u} + \frac{n_2}{v} = \frac{n_2 - n_1}{r}$

得

$$\frac{1.33}{u} + \frac{1}{-3.6} = \frac{1 - 1.33}{-7.8}$$

解得

$$u = 4.16(\text{mm})$$

例 5 – 2　在空气（$n_1 = 1.0$）中焦距为 0.1m 的双凸薄透镜（其折射率 $n = 1.5$），若令其一面与水（$n_2 = 1.33$）相接，求此系统的焦距和焦度。

解： 在空气中的薄透镜　$f = f_1 = f_2 = \left[(n-1)\left(\frac{1}{r_1} - \frac{1}{r_2}\right)\right]^{-1}$

将 $n = 1.5$，$f = 0.1$m，$r_2 = -r_1$ 代入上式得

$$0.1 = \left[(1.5 - 1)\left(\frac{1}{r_1} - \frac{1}{-r_1}\right)\right]^{-1}$$

解得

$$r_1 = 0.1(\text{m})$$

当薄透镜一边是空气，另一边是水时，成像公式为 $\frac{n_1}{u} + \frac{n_2}{v} = \frac{n - n_1}{r_1} - \frac{n - n_2}{r_2}$

$$f_1 = \left[\frac{1}{n_1}\left(\frac{n - n_1}{r_1} - \frac{n - n_2}{r_2}\right)\right]^{-1} \quad f_2 = \left[\frac{1}{n_2}\left(\frac{n - n_1}{r_1} - \frac{n - n_2}{r_2}\right)\right]^{-1}$$

将 $n_1 = 1.0$、$n = 1.5$、$n_2 = 1.33$、$r_1 = 0.1$m、$r_2 = -0.1$m 代入上式得

$$f_1 = \left[\left(\frac{1.5 - 1.0}{0.1} - \frac{1.5 - 1.33}{-0.1}\right)\right]^{-1} = 0.15(\text{m})$$

$$f_2 = \left[\frac{1}{1.33} \times \left(\frac{1.5 - 1.0}{0.1} - \frac{1.5 - 1.33}{-0.1}\right)\right]^{-1} = 0.2(\text{m})$$

将 $n_1 = 1.0$、$n = 1.5$、$n_2 = 1.33$、$r_1 = 0.1$m、$r_2 = -0.1$m 代入 $\Phi = \frac{n - n_1}{r_1} - \frac{n - n_2}{r_2}$

得 $\Phi = \dfrac{1.5 - 1.0}{0.1} - \dfrac{1.5 - 1.33}{-0.1} = 6.7(\mathrm{D})$

例5-3 置于空气中的光学系统，如图所示，已知透镜L的焦距$f = -2R$，L后密接一个半径为R、折射率$n = 1.5$的玻璃半球体，玻璃半球体的平面镀有银，现有一平行光入射。请问其通过此光学系统后成像在何处？

解： 对薄透镜：

将 $u_1 = \infty$，$f_1 = -2R$ 代入 $\dfrac{1}{u_1} + \dfrac{1}{v_1} = \dfrac{1}{f_1}$

得

$$\frac{1}{\infty} + \frac{1}{v_1} = \frac{1}{-2R}$$

解得

$$v_1 = -2R$$

对玻璃球面：

将 $u_2 = 2R$，$r = R$，$n_1 = 1$，$n_2 = 1.5$ 代入 $\dfrac{n_1}{u_2} + \dfrac{n_2}{v_2} = \dfrac{n_2 - n_1}{r}$

得

$$\frac{1}{2R} + \frac{1.5}{v_2} = \frac{1.5 - 1}{R}$$

解得

$$v_2 = \infty$$

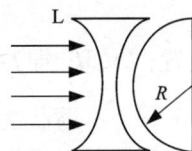

例5-3图

光线垂直入射在镀银平面上，故垂直返回，由光路可逆定律知，最后成像于透镜左侧无穷远处。

四、思考题与习题解答

5-1 如图所示的折射球面在什么条件下对光线起会聚作用？在什么条件下对光线起发散作用？

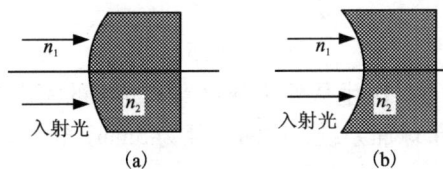

思考题5-1图

答：根据 $\Phi = \dfrac{n_2 - n_1}{r}$ 可知

(1) $r > 0$，$n_2 > n_1$ 时，$\Phi > 0$ 对光线起会聚作用；$n_2 < n_1$ 时，$\Phi < 0$ 对光线起发散作用。

(2) $r < 0$，$n_2 < n_1$ 时，$\Phi > 0$ 对光线起会聚作用；$n_2 > n_1$ 时，$\Phi < 0$ 对光线起发散作用。

5-2 把一个平凸透镜翻转过来成为凸平透镜，像的位置是否会变？为什么？

答：像的位置不会变。根据 $\dfrac{1}{u} + \dfrac{1}{v} = (n-1)\left(\dfrac{1}{r_1} - \dfrac{1}{r_2}\right)$ 有

平凸透镜 $\quad \dfrac{1}{u} + \dfrac{1}{v} = (n-1)\left(\dfrac{1}{\infty} - \dfrac{1}{-|r_2|}\right) = (n-1)\dfrac{1}{|r_2|}$

凸平透镜　　　$\dfrac{1}{u}+\dfrac{1}{v}=(n-1)\left(\dfrac{1}{|r_2|}-\dfrac{1}{\infty}\right)=(n-1)\dfrac{1}{|r_2|}$

5-3　将光源和屏固定在相距为 L 的两处,一薄透镜放在它们之间的某位置,使光源聚焦于屏上。问透镜的焦距在什么范围内才会有两个、一个或没有这样的位置?

答:$L>4f$,即 $f<\dfrac{L}{4}$ 时,会有两个这样的位置;$3f<L\leqslant4f$,即 $\dfrac{L}{4}\leqslant f<\dfrac{L}{3}$ 时,会有一个这样的位置;$L\leqslant3f$,即 $f\geqslant\dfrac{L}{3}$ 时,没有这样的位置。

5-4　一薄凸透镜的焦距为 f_1,一薄凹透镜的焦距为 f_2,两者怎样放置才能使平行光通过它们后仍然是平行光?f_1 和 f_2 必须满足什么条件?

答:两薄透镜紧密贴合在一起且主光轴重合。f_1 和 f_2 必须满足 $f_1+f_2=0$。

5-5　一散光眼的水平子午面屈光正常,但平行光通过垂直子午面折射后会聚在视网膜之后,此人应戴何种透镜?镜轴方向如何?

答:此人应戴凸圆柱面透镜,镜轴水平。

5-6　一半径为 r 的球形透明体置于空气中,距球面 $2r$ 处有一点光源,当入射光在球体内呈平行光时,求该球形体的折射率。球体若置于折射率为 1.30 的液体中,点光源应置于何处才能使球体内出现平行光?

解:(1)将 $n_1=1$,$u=2r$,$v=\infty$ 代入 $\dfrac{n_1}{u}+\dfrac{n_2}{v}=\dfrac{n_2-n_1}{r}$

得

$$\dfrac{1}{2r}+\dfrac{n_2}{\infty}=\dfrac{n_2-1}{r}$$

解得

$$n_2=1.5$$

(2)将 $n_1=1.30$,$n_2=1.5$,$v=\infty$ 代入 $\dfrac{n_1}{u}+\dfrac{n_2}{v}=\dfrac{n_2-n_1}{r}$

得

$$\dfrac{1.3}{u}+\dfrac{1.5}{\infty}=\dfrac{1.5-1.3}{r}$$

解得

$$u=6.5r$$

5-7　某人眼内有一异物,医生从外边观察到该异物的深度是 4mm,求该异物在眼内的实际深度。(眼睛可看作是单球面系统,球面半径为 5mm,介质折射率为 1.33)

解:将 $n_1=1.33$,$n_2=1$,$v=-4$,$r=-5$ 代入 $\dfrac{n_1}{u}+\dfrac{n_2}{v}=\dfrac{n_2-n_1}{r}$

得

$$\dfrac{1.33}{u}+\dfrac{1}{-4}=\dfrac{1-1.33}{-5}$$

解得

$$u=4.2(\text{mm})$$

异物在眼内的实际深度是 4.2mm。

5-8　直径为 8cm 的玻璃棒($n=1.5$)长 20cm,两端是半径为 4cm 的凸球面。若一束近轴平行光线沿棒轴方向入射,求像的位置。

解:将 $n_1=1$,$n_2=1.5$,$r=4$,$u=\infty$ 代入 $\dfrac{n_1}{u}+\dfrac{n_2}{v}=\dfrac{n_2-n_1}{r}$

得

$$\dfrac{1}{\infty}+\dfrac{1.5}{v}=\dfrac{1.5-1}{4}$$

解得 $\qquad\qquad\qquad\qquad\qquad u = 12(\text{cm})$

将 $n_1 = 1.5$, $n_2 = 1$, $r = -4$, $u = 20 - 12 = 8$ 代入 $\dfrac{n_1}{u} + \dfrac{n_2}{v} = \dfrac{n_2 - n_1}{r}$

得 $\qquad\qquad\qquad\qquad\qquad \dfrac{1.5}{8} + \dfrac{1}{v} = \dfrac{1 - 1.5}{-4}$

解得 $\qquad\qquad\qquad\qquad\qquad v = -16(\text{cm})$

5-9　折射率为 1.5 的玻璃透镜，其一面是平面，另一面是半径为 20cm 的凹面。现将透镜水平放在桌面上，平面向下，凹面向上，并在凹面内注满水（$n_1 = 1.33$），求整个系统的焦距和焦度。

解： $\dfrac{n_1}{u} + \dfrac{n_2}{v} = \dfrac{n - n_1}{r_1} - \dfrac{n - n_2}{r_2}$

将 $n = 1.5$, $n_1 = 1.33$, $n_2 = 1$, $r_1 = -0.2$, $r_2 = \infty$ 代入 $f_1 = \left[\dfrac{1}{n_1} \left(\dfrac{n - n_1}{r_1} - \dfrac{n - n_2}{r_2} \right) \right]^{-1}$ 得

$f_1 = \left[\dfrac{1}{1.33} \left(\dfrac{1.5 - 1.33}{-0.2} - \dfrac{1.5 - 1}{\infty} \right) \right]^{-1} = -1.56(\text{m})$

$f_2 = \left[\dfrac{1}{n_2} \left(\dfrac{n - n_1}{r_1} - \dfrac{n - n_2}{r_2} \right) \right]^{-1}$ 　得 $f_2 = \left[\dfrac{1}{1} \left(\dfrac{1.5 - 1.33}{-0.2} - \dfrac{1.5 - 1}{\infty} \right) \right]^{-1} = -1.18(\text{m})$

$\Phi = \dfrac{n - n_1}{r_1} - \dfrac{n - n_2}{r_2} = \dfrac{1.5 - 1.33}{-0.2} - \dfrac{1.5 - 1}{\infty} = -0.85(\text{D})$

5-10　某人的眼镜是折射率为 1.52 的凹凸薄透镜，曲率半径分别为 0.08m、0.13m，求其在空气中的焦距和焦度，以及在水中的焦度。

解： $\dfrac{1}{u} + \dfrac{1}{v} = (n - 1)\left(\dfrac{1}{r_1} - \dfrac{1}{r_2} \right)$

(1) 将 $n = 1.52$, $r_1 = -0.08$, $r_2 = 0.13$ 代入 $f = f_1 = f_2 = \left[(n - 1)\left(\dfrac{1}{r_1} - \dfrac{1}{r_2} \right) \right]^{-1}$

得 $f = \left[(1.52 - 1)\left(\dfrac{1}{-0.08} - \dfrac{1}{0.13} \right) \right]^{-1} = -0.4(\text{m})$

$\Phi = (n - 1)\left(\dfrac{1}{r_1} - \dfrac{1}{r_2} \right) = (1.52 - 1)\left(\dfrac{1}{-0.08} - \dfrac{1}{0.13} \right) = -2.5(\text{D})$

(2) $\dfrac{1}{u} + \dfrac{1}{v} = \dfrac{n - n_0}{n_0}\left(\dfrac{1}{r_1} - \dfrac{1}{r_2} \right)$

将 $n = 1.52$, $n_0 = 1.33$, $r_1 = -0.08$, $r_2 = 0.13$ 代入 $\Phi = \dfrac{n - n_0}{n_0}\left(\dfrac{1}{r_1} - \dfrac{1}{r_2} \right)$

得 $\Phi = \left(\dfrac{1.52 - 1.33}{1.33} \right)\left(\dfrac{1}{-0.08} - \dfrac{1}{0.13} \right) = -0.69(\text{D})$

5-11　在空气（$n_1 = 1.0$）中焦距为 0.1m 的双凸薄透镜（其折射率 $n = 1.5$），若令其一面与水（$n_2 = 1.33$）相接，则此系统的焦度改变了多少？

解： 将 $n = 1.5$, $n_1 = n_2 = 1.0$, $f_1 = f_2 = 0.1$, $r_2 = -r_1$ 代入

$\Phi = \dfrac{n - n_1}{r_1} - \dfrac{n - n_2}{r_2} = \dfrac{n_1}{f_1}$

$$\frac{1.5-1.0}{r_1} - \frac{1.5-1.0}{-r_1} = \frac{1}{0.1} \quad \Phi = \frac{1}{0.1} \text{ 解得 } r_1 = 0.1\text{m}, \Phi = 10(\text{D})$$

将 $n = 1.5$, $n_1 = 1.0$, $n_2 = 1.33$, $r_1 = 0.1\text{m}$, $r_2 = -0.1\text{m}$ 代入

$$\Phi' = \frac{n-n_1}{r_1} - \frac{n-n_2}{r_2}$$

得 $\quad \Phi' = \frac{1.5-1_1}{0.1} - \frac{1.5-1.33}{-0.1} = 6.7(\text{D})$

$\Phi' - \Phi = 6.7 - 10 = -3.3(\text{D})$，即此系统的焦度改变了 3.3D。

5-12 两个焦距分别为 $f_1 = 4\text{cm}$, $f_2 = 6\text{cm}$ 的薄透镜在水平方向先后放置，某物体放在焦距为 4cm 的透镜外侧 8cm 处，求其像最后成在何处。

(1)两透镜相距 10cm。

(2)两透镜相距 1cm。

解：将 $f_1 = 4$, $u_1 = 8$ 代入 $\dfrac{1}{u_1} + \dfrac{1}{v_1} = \dfrac{1}{f_1}$

得 $\quad \dfrac{1}{8} + \dfrac{1}{v_1} = \dfrac{1}{4} \qquad$ 解得 $v_1 = 8(\text{cm})$

(1)将 $f_2 = 6$, $u_2 = 10 - 8 = 2$ 代入 $\dfrac{1}{u_2} + \dfrac{1}{v_2} = \dfrac{1}{f_2}$

得 $\quad \dfrac{1}{2} + \dfrac{1}{v_2} = \dfrac{1}{6} \qquad$ 解得 $v_2 = -3(\text{cm})$

(2)将 $f_2 = 6$, $u_2 = -(8-1) = -7$ 代入 $\dfrac{1}{u_2} + \dfrac{1}{v_2} = \dfrac{1}{f_2}$

得 $\quad \dfrac{1}{-7} + \dfrac{1}{v_2} = \dfrac{1}{6} \qquad$ 解得 $v_1 = 3.2(\text{cm})$

5-13 显微镜目镜的焦距为 2.5cm，物镜的焦距为 1.6cm，物镜和目镜相距 22.1cm，最后成像于无穷远处。问：

(1)标本应放在物镜前什么地方？

(2)物镜的线放大率是多少？

(3)显微镜的总放大倍数是多少？

解：(1)物体通过物镜成像于目镜的焦点上，故像距为 $v_1 = 22.1 - 2.5 = 19.6(\text{cm})$。

将 $f_1 = 1.6$, $v_1 = 19.6$ 代入 $\dfrac{1}{u_1} + \dfrac{1}{v_1} = \dfrac{1}{f_1}$

得 $\quad \dfrac{1}{u_1} + \dfrac{1}{19.6} = \dfrac{1}{1.6} \qquad$ 解得 $u_1 = 1.74(\text{cm})$

(2)物镜的线放大率 $\quad m = \dfrac{v_1}{u_1} = \dfrac{19.6}{1.74} \approx 11$

(3)显微镜的总放大倍数 $\quad M = m \times \dfrac{25}{f_2} = 11 \times \dfrac{25}{2.5} = 110$

5-14 用孔径数为 0.75 的显微镜去观察 $0.3\mu\text{m}$ 的细节能否看清？若改用孔径数为 1.30 的物镜去观察又如何？设所用光波波长为 600nm。

解：显微镜的最小分辨距离 $\quad z = \dfrac{0.61\lambda}{N \cdot A}$

当 $N \cdot A = 0.75$ 时，$z = \dfrac{0.61 \times 6 \times 10^{-7}}{0.75} = 0.488(\mu m) > 0.3(\mu m)$，所以不能分辨。

当 $N \cdot A = 1.30$ 时，$z = \dfrac{0.61 \times 6 \times 10^{-7}}{1.30} = 0.282(\mu m) < 0.3(\mu m)$，所以能分辨。

5－15　某近视眼患者的远点距离为 0.2m，他看无穷远处物体时应配戴多少度何种眼镜？

解：将 $u = \infty$，$v = -0.2m$ 代入 $\dfrac{1}{u} + \dfrac{1}{v} = \dfrac{1}{f} = \Phi$

得　　　　　　$\dfrac{1}{\infty} + \dfrac{1}{-0.2} = \dfrac{1}{f} = \Phi$　　　　　解得 $\Phi = -5(D) = -500(度)$

5－16　远视眼患者戴焦度 2D 的眼镜看书时须把书拿到眼前 40cm 处，此人应配戴多少度的眼镜才能和正常人一样看书？

解：将 $u = 0.4m$，$\Phi = 2(D)$ 代入 $\dfrac{1}{u} + \dfrac{1}{v} = \dfrac{1}{f} = \Phi$

得　　　　　　$\dfrac{1}{0.4} + \dfrac{1}{v} = 2$　　　　　解得 $v = -2(m)$

将 $u' = 0.25m$，$v' = -2m$ 代入 $\dfrac{1}{u'} + \dfrac{1}{v'} = \dfrac{1}{f'} = \Phi'$

得　　　　　　$\dfrac{1}{0.25} + \dfrac{1}{-2} = \Phi'$　　　　　解得 $\Phi' = 3.5(D) = 350(度)$

此人应配戴 350 度的眼镜才能和正常人一样看书。

五、自测题

5－1　一直径为 200mm 的玻璃球，折射率为 1.5，球内有一小气泡从最近的方向看好像在球表面和中心的中间，此气泡的实际位置应在_____。

A. 在球心前方 50mm　　　　　　　　B. 在球心前方 100mm

C. 在球心后方 50mm　　　　　　　　D. 离球面 60mm

5－2　一个半径为 R 的薄壁玻璃球盛满水，若把一物点置于球面前 3R 处，求最后的像的位置（玻璃壁的影响忽略不计，水的折射率为 4/3）。

5－3　一平凸透镜沿其主光轴的厚度为 3cm，玻璃的折射率为 1.5，凸球面的曲率半径为 10cm，凸球面朝右方。求：

（1）从第一焦点到凸球面顶点的距离；

（2）从平面到第二焦点的距离。

5－4　一薄正凸透镜（$n = 1.50$）在空气中的焦距为 20cm。今令其一面与水相接，求此系统的焦距。

5－5　一个薄的双凸透镜，它的两球面的曲率半径分别是 20cm 和 40cm，若此透镜材料的折射率是 1.52，一物体放在透镜的主光轴上，距透镜 30cm。求物体所成像的位置、大小、虚实。透镜与物体都浸没在水中（水的折射率是 1.33）时，所成像又如何？

5－6　一个人看近物时需戴 +2 屈光度的眼镜，而看远物时需戴 -0.5 屈光度的眼镜，此人的近点、远点各在何处？

第六章　统计物理学基础

一、基本要求

1. 掌握理想气体的状态方程、压强公式、能量公式。

2. 掌握能量按自由度均分定理，掌握理想气体的内能与温度和自由度的关系。

3. 掌握液体表面张力、表面能的概念及它们与表面张力系数的关系。

4. 理解麦克斯韦气体分子速率分布律的物理意义，熟悉最概然速率、平均速率、方均根速率。

5. 了解分子的平均自由程、平均碰撞频率的概念和玻尔兹曼能量分布律。

二、本章提要

1. 理想气体的物态方程

$$pV = \frac{M}{M_{moe}}RT \text{ 或 } p = nkT$$

2. 理想气体的压强公式

$$p = \frac{2}{3}n\,\overline{w}$$

3. 分子的平均平动动能

$$\overline{w} = \frac{3}{2}kT$$

4. 分子的平均动能

$$\bar{\varepsilon} = \frac{i}{2}kT \quad (\text{对于刚性分子，自由度 } i = t + r)$$

5. 理想气体的内能和内能增量

内能
$$E = N\frac{i}{2}kT = \frac{M}{M_{moe}}\frac{i}{2}RT$$

内能增量
$$\Delta E = \frac{M}{M_{moe}}\frac{i}{2}R\Delta T$$

6. 麦克斯韦速率分布律

$$\frac{\mathrm{d}N}{N} = 4\pi\left(\frac{m}{2\pi kT}\right)^{3/2}e^{-\frac{mv^2}{2kT}}v^2\mathrm{d}v$$

7. 麦克斯韦速率分布函数

$$f(v) = \frac{\mathrm{d}N}{N\mathrm{d}v} = 4\pi\left(\frac{m}{2\pi kT}\right)^{3/2}e^{-\frac{mv^2}{2kT}}v^2$$

8. 三种速率

最概然速率
$$v_p = \sqrt{\frac{2RT}{M_{moe}}} = 1.41\sqrt{\frac{RT}{M_{moe}}}$$

平均速率
$$\bar{v} = \sqrt{\frac{8RT}{\pi M_{moe}}} = 1.60\sqrt{\frac{RT}{M_{moe}}}$$

方均根速率
$$\sqrt{\bar{v^2}} = \sqrt{\frac{3RT}{M_{moe}}} = 1.73\sqrt{\frac{RT}{M_{moe}}}$$

9. 玻尔兹曼能量分布律

$$n = n_0 e^{-E_P/kT}$$

重力场中，粒子数密度按高度的分布：$n = n_0 e^{-\frac{mgh}{kT}} = n_0 e^{-\frac{M_{moe}gh}{RT}}$

大气压强按高度的分布：$p = p_0 e^{-\frac{mgh}{kT}} = p_0 e^{-\frac{M_{moe}gh}{RT}}$

10. 平均碰撞次数

$$\bar{Z} = \sqrt{2}\pi d^2 \bar{v} n$$

11. 平均自由程

$$\bar{\lambda} = \frac{\bar{v}}{\bar{Z}} = \frac{1}{\sqrt{2}\pi d^2 n} = \frac{kT}{\sqrt{2}\pi d^2 p}$$

12. 液体的表面张力

$$f = \alpha L$$

表面张力系数等于增加单位液体表面积时所增加的表面能　　$\alpha = \dfrac{W}{\Delta S} = \dfrac{\Delta E}{\Delta S}$

13. 球形液面下的附加压强

$$\Delta P = \frac{2\alpha}{R}$$

14. 毛细管内外液面的高度差

$$h = \frac{2\alpha}{\rho g r}\cos\theta$$

三、典型例题

例 6 - 1　容器中储有氧气，其压强为 $p = 0.1\text{MPa}$，温度为 27℃，求：(1)单位体积中的分子数 n；(2)氧分子质量 m；(3)气体密度 ρ；(4)分子间的平均距离 $\bar{l}$；(5)平均速率 $\bar{v}$；(6)方均根速率 $\sqrt{\bar{v^2}}$；(7)分子的平均动能 ε。

解：$(1) n = \dfrac{P}{kT} = \dfrac{10^5}{1.38 \times 10^{-23} \times 300} = 2.41 \times 10^{25}(\text{m}^3)$

$(2) m = \dfrac{M}{N_0} = \dfrac{32 \times 10^{-3}}{6.023 \times 10^{23}} = 5.3 \times 10^{-26}(\text{kg})$

$(3) \rho = nm = 2.41 \times 10^{25} \times 5.3 \times 10^{-26} = 1.3(\text{kg} \cdot \text{m}^{-3})$

$(4) \bar{l} = \dfrac{1}{\sqrt[3]{n}} = \dfrac{1}{\sqrt[3]{2.41 \times 10^{25}}} = 3.46 \times 10^{-9}(\text{m})$

$(5) \bar{v} = 1.6\sqrt{\dfrac{RT}{M_{\text{moe}}}} = 1.6\sqrt{\dfrac{8.31 \times 300}{32 \times 10^{-3}}} = 4.46 \times 10^2 (\text{m} \cdot \text{s}^{-1})$

$(6) \sqrt{\overline{v^2}} = \sqrt{\dfrac{3RT}{M_{\text{moe}}}} = \sqrt{\dfrac{3 \times 8.31 \times 300}{32 \times 10^{-3}}} = 4.83 \times 10^2 (\text{m} \cdot \text{s}^{-1})$

$(7) \varepsilon = \dfrac{i}{2}kT = \dfrac{5}{2} \times 1.38 \times 10^{-23} \times 300 = 1.04 \times 10^{-20} (\text{J})$

例 6 - 2　有 N 个气体分子,其速率分布函数为

$$f(v) = \begin{cases} Av(v_0 - v) & 0 \leqslant v \leqslant v_0 \\ 0 & v > v_0 \end{cases}$$

试求:(1)常数 A;(2)最概然速率,平均速率和方均根速率;(3)速率介于 $0 \sim v_0/3$ 之间的分子数;(4)速率介于 $0 \sim v_0/3$ 之间的气体分子的平均速率。

解:(1)气体分子的分布曲线如图所示。

由归一化条件　　　$\displaystyle\int_0^\infty f(v)\mathrm{d}v = 1$

$\displaystyle\int_0^{v_0} Av(v_0 - v)\mathrm{d}v = \dfrac{A}{6}v_0^3 = 1$

得 $A = \dfrac{6}{v_0^3}$

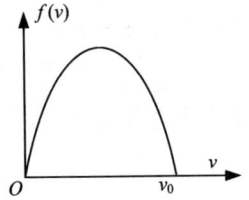

例 6 - 2 图

$$f(v) = \begin{cases} \dfrac{6}{v_0^3}v(v_0 - v) & 0 \leqslant v \leqslant v_0 \\ 0 & v > v_0 \end{cases}$$

(2)最概然速率由 $\dfrac{\mathrm{d}f(v)}{\mathrm{d}v}\bigg|_{v_p} = 0$ 决定,即

$$\dfrac{\mathrm{d}f(v)}{\mathrm{d}v}\bigg|_{v_p} = \dfrac{6}{v_0^3}(v_0 - 2v)\bigg|_{v_p} = 0 \text{ 得 } v_p = \dfrac{v_0}{2}$$

平均速率

$$\bar{v} = \int_0^\infty vf(v)\mathrm{d}v = \int_0^{v_0} \dfrac{6}{v_0^3}v^2(v_0 - v)\mathrm{d}v = \dfrac{v_0}{2}$$

方均根速率

$$\overline{v^2} = \int_0^\infty v^2 f(v)\mathrm{d}v = \int_0^{v_0} \dfrac{6}{v_0^3}v^3(v_0 - v)\mathrm{d}v = \dfrac{3}{10}v_0^2$$

$$\sqrt{\overline{v^2}} = \sqrt{\dfrac{3}{10}}v_0$$

(3)速率介于 $0 \sim v_0/3$ 之间的分子数

$$\Delta N = \int \mathrm{d}N = \int_0^{\frac{v_0}{3}} Nf(v)\mathrm{d}v = \int_0^{\frac{v_0}{3}} N\dfrac{6}{v_0^3}v(v_0 - v)\mathrm{d}v = \dfrac{7N}{27}$$

(4)速率介于 $0 \sim v_0/3$ 之间的气体分子平均速率为

$$\bar{v}_{0\sim v_0/3} = \frac{\int_0^{\frac{v_0}{3}} v\mathrm{d}N}{\int_0^{\frac{v_0}{3}} \mathrm{d}N} = \frac{\int_0^{\frac{v_0}{3}} N\frac{6}{v_0^3}v^2(v_0-v)\,\mathrm{d}v}{7N/27} = \frac{3v_0}{14}$$

例 6 - 3 在 $20\mathrm{km}^2$ 的湖面上,下了一场 $50\mathrm{mm}$ 的大雨,雨滴半径 $r=1\mathrm{mm}$。设温度不变,求释放出来的能量。

解: 设湖面积为 S,下雨使湖面升高 h,雨滴总数为 N。现只考虑由于雨滴本身表面积变化而释放的能量。

$$N = \frac{hS}{\frac{4}{3}\pi r^3}$$

$$\Delta E = \alpha \cdot \Delta S = \alpha \cdot (4\pi r^2 N - S) = \alpha \cdot \left(4\pi r^2 \times \frac{hS}{\frac{4}{3}\pi r^3} - S\right) = \alpha \cdot \left(\frac{3hS}{r} - S\right)$$

$$= 7.3 \times 10^{-2} \times \left(\frac{3 \times 50 \times 10^{-3} \times 20 \times 10^6}{1 \times 10^{-3}} - 20 \times 10^6\right) = 2.17 \times 10^8 (\mathrm{J})$$

例 6 - 4 一毛细管,内径 $d=1.5\mathrm{mm}$,长 $L=20\mathrm{cm}$,竖直地浸在水银中,其中空气全部留在管中,如果管子浸在深度 $h=10\mathrm{cm}$ 处,问管中空气柱的长度 L_1 为多少?(大气压强 $P_0=76\mathrm{cmHg}$,温度不变,水银表面张力系数 $\alpha=0.49\mathrm{N}\cdot\mathrm{m}^{-1}$,接触角 $\theta=\pi$。)

解: 浸在深度 $h=10\mathrm{cm}$ 处的毛细管,其管内气体压强

$$P = P_0 + \rho gh - \frac{2\alpha}{r} = P_0 + \rho gh - \frac{4\alpha}{d}$$

等温过程:$PV=$ 恒量,即有

$$P_0 \cdot \pi r^2 \cdot L = \left(P_0 + \rho gh - \frac{4\alpha}{d}\right) \cdot \pi r^2 \cdot L_1$$

$$L_1 = \frac{P_0 \cdot L}{P_0 + \rho gh - \frac{4\alpha}{d}} = \frac{(13.6 \times 10^3 \times 9.8 \times 76 \times 10^{-2}) \times 0.2}{13.6 \times 10^3 \times 9.8 \times 76 \times 10^{-2} + 13.6 \times 10^3 \times 9.8 \times 0.1 - \frac{4 \times 0.49}{1.5 \times 10^{-3}}}$$

$$= 0.179(\mathrm{m})$$

四、思考题与习题解答

6 - 1 气体在平衡态时有何特征?气体的平衡态与力学中的平衡态有何不同?

答:气体在平衡态时,系统与外界在宏观上无能量和物质的交换;系统的宏观性质不随时间变化。

力学平衡态与热力学平衡态不同。当系统处于热平衡态时,组成系统的大量粒子仍在不停地、无规则地运动着,大量粒子运动的平均效果不变,这是一种动态平衡。而个别粒子所受合外力可以不为零。而力学平衡态时,物体保持静止或匀速直线运动,所受合外力为零。

6 - 2 我们说分子运动是无规则的,却又说分子的运动满足一定的规律,这是否矛盾?为什么?

答:不矛盾。个别分子的运动是无规则的,而大部分分子的运动服从统计规律。

6-3　试指出下列各式所表示的物理意义。

(1) $\frac{1}{2}kT$；　(2) $\frac{3}{2}kT$；　(3) $\frac{i}{2}kT$；　(4) $\frac{i}{2}RT$；　(5) $\frac{M}{M_{moe}} \cdot \frac{i}{2}RT$。

解：(1) 在平衡态下，分子热运动能量平均地分配在分子每一个自由度上的能量均为 $\frac{1}{2}kT$。

(2) 在平衡态下，分子平均平动动能均为 $\frac{3}{2}kT$。

(3) 在平衡态下，自由度为 i 的分子平均总能量均为 $\frac{i}{2}kT$。

(4) 1 摩尔自由度为 i 的分子组成的系统内能为 $\frac{i}{2}RT$。

(5) 由质量为 M，摩尔质量为 M_{moe}，自由度为 i 的分子组成的系统的内能为 $\frac{M}{M_{moe}} \frac{i}{2}RT$。

6-4　速率分布函数 $f(v)$ 的物理意义是什么？试说明下列各式的物理意义，其中，n 为分子数密度，N 为系统总分子数。

(1) $f(v)dv$　　　　　　(2) $nf(v)dv$　　　　　　(3) $Nf(v)dv$

(4) $\int_0^{V_P} f(v)dv$　　　(5) $\int_0^{\infty} f(v)dv$　　　(6) $\int_{v_1}^{v_2} f(v)dv$

解：$f(v)$：表示一定质量的气体，在温度为 T 的平衡态时，分布在速率 v 附近单位速率区间内的分子数占总分子数的百分比。

(1) $f(v)dv$：表示分布在速率 v 附近，速率区间 dv 内的分子数占总分子数的百分比。

(2) $nf(v)dv$：表示分布在速率 v 附近、速率区间 dv 内的分子数密度。

(3) $Nf(v)dv$：表示分布在速率 v 附近、速率区间 dv 内的分子数。

(4) $\int_0^{V_P} f(v)dv$：表示分布在 $0 \sim v_P$ 区间内的分子数占总分子数的百分比。

(5) $\int_0^{\infty} f(v)dv$：表示分布在 $0 \sim \infty$ 速率区间内的所有分子，其与总分子数的比值是 1。

(6) $\int_{v_1}^{v_2} f(v)dv$：表示分布在 $v_1 \sim v_2$ 区间内的分子数占总分子数的百分比。

6-5　如图所示，图(a)是氢和氧在同一温度下的两条麦克斯韦速率分布曲线，哪一条代表氢？图(b)是某种气体在不同温度下的两条麦克斯韦速率分布曲线，哪一条的温度较高？

答：图(a)中(1)表示氧，(2)表示氢；图(b)中(2)温度高。

6-6　对于一定质量的气体，当温度升高时，讨论下列情况气体分子的平均碰撞次数 $\bar{Z}$ 和平均自由程 $\bar{\lambda}$ 如何变化？为什么？(1)体积不变；(2)恒压下。

答：(1) $\bar{Z} = \sqrt{2}\pi d^2 \bar{v}n$，$\bar{\lambda} = \frac{1}{\sqrt{2}\pi d^2 n}$。体积不变时，$n$、$d$ 不变，$\bar{\lambda}$ 不变；温度升高时，$\bar{v}$ 增加，所以 $\bar{Z}$ 增加。

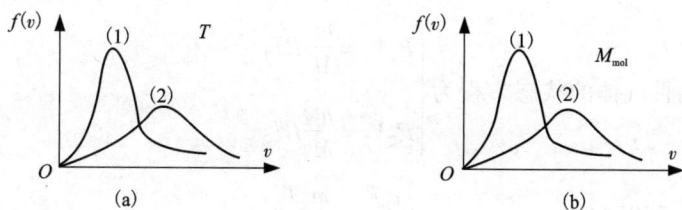

习题 6 - 5 图

（2）$\bar{\lambda} = \dfrac{1}{\sqrt{2}\pi d^2 n}$，压强不变时，$d$ 不变，温度升高时，V 增加，n 减小，$\bar{\lambda}$ 增加；$\bar{Z} =$

$\sqrt{2}\pi d^2\,\bar{v}n = \sqrt{2}\pi d^2\,\bar{v} \times \dfrac{P}{kT} = \sqrt{2}\pi d^2 \times \sqrt{\dfrac{8kT}{\pi m}} \times \dfrac{P}{kT} = 4Pd^2 \times \sqrt{\dfrac{\pi}{mkT}}$，$P$、$d$ 不变，T 增加，$\bar{Z}$ 减小。

6 - 7 下列说法是否正确？为什么？

（1）大小完全相同的两个球形液珠，它们的附加压强一定相同。

（2）如果附加压强 $\Delta P = 0$，则液体一定是平面。

答：$\Delta P = \dfrac{4\alpha}{R}$

（1）大小完全相同的两个球形液珠，半径相同，但表面张力系数不一定相同，所以它们的附加压强不一定相同。

（2）如果附加压强 $\Delta P = 0$，则 $R = \infty$，液体一定是平面。

6 - 8 在下述几种情况里，毛细管中的水面高度会有什么变化？

（1）使水温升高；

（2）加入肥皂；

（3）减小毛细管的直径。

答：$h = \dfrac{2\alpha}{\rho gr}\cos\theta$

（1）使水温升高，α 减小，h 减小。

（2）加入肥皂，α 减小，h 减小。

（3）减小毛细管的直径，r 减小，h 增加。

6 - 9 湖面下 50m 深处，温度为 4℃，有一体积为 10cm^3 的气泡，若湖面的温度为 17℃，求此气泡升到湖面时的体积。

解： 在湖底 $P_1 = P_0 + \rho gh = 1.013 \times 10^5 + 10^3 \times 9.8 \times 50 = 5.913 \times 10^5 (\text{Pa})$

$$V_1 = 10\text{cm}^3,\ T_1 = 273 + 4 = 277(\text{K})$$

在湖面 $\qquad P_2 = P_0 = 1.013 \times 10^5 (\text{Pa}) \quad T_2 = 273 + 17 = 290(\text{K})$

由 $\dfrac{P_1 V_1}{T_1} = \dfrac{P_2 V_2}{T_2}$ 得

$$V_2 = \dfrac{P_1 V_1 T_2}{T_1 P_2} = \dfrac{5.913 \times 10^5 \times 290 \times 10}{1.013 \times 10^5 \times 277} = 61.1(\text{cm}^3)$$

6 - 10 一容器被中间隔板分成相等的两半，一半装有氦气，温度为 T_1，另一半装有氧气，温度为 T_2，二者压强相等。今去掉隔板，求两种气体混合后的温度。

解：混合前两种气体的状态方程为 $\begin{cases} P_1V_1 = \dfrac{m_1}{M_1}RT_1 \\[2mm] P_2V_2 = \dfrac{m_2}{M_2}RT_2 \end{cases}$

由于 $P_1V_1 = P_2V_2$，所以有 $\qquad\qquad \dfrac{m_1T_1}{M_1} = \dfrac{m_2T_2}{M_2}$ $\qquad\qquad\qquad\qquad$ (1)

混合前的总内能为 $\qquad E_0 = E_1 + E_2 = \dfrac{3}{2} \cdot \dfrac{m_1}{M_1}RT_1 + \dfrac{5}{2}\dfrac{m_2}{M_2}RT_2$ $\qquad\quad$ (2)

混合后，气体温度变为 T，总内能为 $\qquad E = \left(\dfrac{3}{2}\dfrac{m_1}{M_1} + \dfrac{5}{2}\dfrac{m_2}{M_2}\right)RT$ $\qquad\quad$ (3)

将式(1)代入(2)、(3)两式得 $\begin{cases} E_0 = \dfrac{8}{2}\dfrac{m_1}{M_1}RT_1 \\[3mm] E = \left(\dfrac{3}{2} + \dfrac{5}{2}\dfrac{T_1}{T_2}\right)\dfrac{m_1}{M_1}RT \end{cases}$

混合前、后内能应相等，$E_0 = E$，所以有 $T = \dfrac{8T_1}{3 + 5T_1/T_2}$

　　6-11　(1)有一个带有活塞的容器盛有一定量的气体，如果压缩气体并对它加热，使它的温度从27℃升到177℃，体积减少一半，那么气体压强变化多少？(2)这时气体分子的平均平动动能变化多少？分子的方均根速率变化多少？

　　解：(1)设气体的初始状态为 P_1、V_1、$T_1 = (273 + 27) = 300\text{K}$，末态为 P_2、$V_2 = \dfrac{1}{2}V_1$，$T_2 = (273 + 177) = 450\text{K}$，因为气体被密封，质量不变，由状态方程得到

$$\frac{P_1V_1}{T_1} = \frac{P_2V_2}{T_2}$$

所以 $\qquad\qquad P_2 = \dfrac{P_1V_1}{T_1} \times \dfrac{T_2}{V_2} = \dfrac{P_1V_1}{300} \times \dfrac{450}{\frac{1}{2}V_1} = 3P_1$

可见，末态的压力为初态的3倍。

　　(2)分子的平均平动动能为：$\overline{W} = \dfrac{3}{2}kT$

$$\frac{\overline{W_2}}{\overline{W_1}} = \frac{T_2}{T_1} = \frac{450}{300} = 1.5$$

即分子的平均平动动能增加了一半。

　　由 $\overline{W} = \dfrac{1}{2}m\overline{v^2}$ 得 $\dfrac{\sqrt{\overline{v_2^2}}}{\sqrt{\overline{v_1^2}}} = \sqrt{\dfrac{3}{2}}$

因此，分子的方均根速率增加为原来的 $\sqrt{\dfrac{3}{2}}$ 倍。

　　6-12　设有 N 个粒子的系统，速率分布函数如图所示。求：(1)$f(v)$ 表达式；(2)a 与 v_0 之间的关系；(3)速率在 $0.5v_0 \sim v_0$ 之间的粒子数；(4)最可几速率；(5)粒子的平均速率；

（6）$0.5v_0 \sim v_0$ 区间内粒子的平均速率。

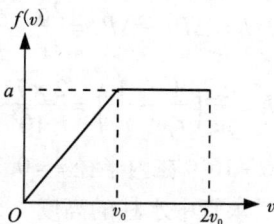

习题 6 - 12 图

解：（1）$f(v) = \begin{cases} \dfrac{a}{v_0}v & 0 \leqslant v \leqslant v_0 \\ a & v_0 \leqslant v \leqslant 2v_0 \\ 0 & v > 2v_0 \end{cases}$

（2）由概率归一化条件 $\displaystyle\int_0^\infty f(v)\,\mathrm{d}v = 1$ 得

$$\int_0^{v_0} \frac{a}{v_0}v\,\mathrm{d}v + \int_{v_0}^{2v_0} a\,\mathrm{d}v = \frac{a}{2}v_0 + av_0 = \frac{3}{2}av_0 = 1$$

$$\therefore \qquad\qquad\qquad\qquad a = \frac{2}{3v_0}$$

（3）在 $\dfrac{1}{2}v_0 \sim v_0$ 之间的粒子数：$\Delta N = \displaystyle\int_{v_1}^{v_2} Nf(v)\,\mathrm{d}v = \int_{v_0/2}^{v_0} N\frac{a}{v_0}v\,\mathrm{d}v = \frac{1}{4}N$

（4）最概然速率为 $v_0 \sim 2v_0$ 之间的各速率。

（5）根据平均速率的概念

$$\bar{v} = \int_0^\infty vf(v)\,\mathrm{d}v = \int_0^{v_0} v\left(\frac{a}{v_0}v\right)\mathrm{d}v + \int_{v_0}^{2v_0} v\,\mathrm{d}v = \frac{11}{6}av_0^2 = \frac{11}{9}v_0$$

（6）根据速率 $v_1 \sim v_2$ 区间内的平均速率定义，有

$$\bar{v}' = \frac{\displaystyle\int_{v_1}^{v_2} vf(v)\,\mathrm{d}v}{\displaystyle\int_{v_1}^{v_2} f(v)\,\mathrm{d}v} = \frac{\displaystyle\int_{v_0/2}^{v_0} v\left(\frac{a}{v_0}v\right)\mathrm{d}v}{\displaystyle\int_{v_0/2}^{v_0} \frac{a}{v_0}v\,\mathrm{d}v} = \frac{7}{6}av_0^2 = \frac{7}{9}v_0$$

6 - 13　一瓶氧气与一瓶氢气的压强、温度均相等，氧气体积是氢气的 2 倍，求：（1）氧气和氢气分子数密度之比；（2）氧分子和氢分子的平均速率之比。

解：（1）由 $n = \dfrac{P}{kT}$，等温、等压时：$n_1 : n_2 = 1 : 1$

（2）由 $\bar{v} = 1.6\sqrt{\dfrac{RT}{M_{moe}}}$，在等温条件下：$\bar{v}_1 : \bar{v}_2 = \sqrt{M_2} : \sqrt{M_1} = \sqrt{2} : \sqrt{32} = 1 : 4$

6 - 14　吹一个直径为 10cm 的肥皂泡，设肥皂液的表面张力系数 $\alpha = 40 \times 10^{-3}\,\mathrm{N \cdot m^{-1}}$。求吹此肥皂泡所做的功，以及泡内外的压强差。

解：根据功能原理，吹肥皂泡所做的功，应等于吹此肥皂泡前后的表面能的变化。

$\Delta S = 2 \times 4\pi R^2$（有两个表面）

$W = \Delta E = \alpha \cdot \Delta S = \alpha \times 2 \times 4\pi R^2$

$\quad = 40 \times 10^{-3} \times 2 \times 4\pi \times (5 \times 10^{-2})^2 = 8\pi \times 10^{-4} = 2.51 \times 10^{-3}\,(\mathrm{J})$

泡内外的压强差

$$\Delta P = \frac{4\alpha}{R} = \frac{4 \times 40 \times 10^{-3}}{5 \times 10^{-2}} = 3.2\,(\mathrm{Pa})$$

6 - 15　一 U 形玻璃管的两竖直管的直径分别为 1mm 和 3mm。试求两管内水面的高度差。（水的表面张力系数为 $\alpha = 73 \times 10^{-3}\,\mathrm{N \cdot m^{-1}}$）

解：$P_0 + \rho gh - \Delta P_1 = P_0 - \Delta P_2$

$$\rho g h = \Delta P_1 - \Delta P_2 = \frac{2\alpha}{r_1} - \frac{2\alpha}{r_2}$$

$$h = \frac{2\alpha}{\rho g}\left(\frac{1}{r_1} - \frac{1}{r_2}\right) = \frac{2 \times 73 \times 10^{-3}}{10^3 \times 9.8} \times \left(\frac{1}{0.5} - \frac{1}{1.5}\right) \times \frac{1}{10^{-3}} = 1.986 \times 10^{-2}(\text{m}) \approx 2(\text{cm})$$

6 – 16　在内半径 $r = 0.30$mm 的毛细管中注入水，在管的下端形成一半径 $R = 3.0$mm 的水滴，求管中水柱的高度。

$$P_0 + \rho g h - \Delta P_1 = P_0 - \Delta P_2$$

$$\rho g h = \Delta P_1 + \Delta P_2 = \frac{2\alpha}{r} + \frac{2\alpha}{R}$$

$$h = \frac{2\alpha}{\rho g}\left(\frac{1}{r} + \frac{1}{R}\right) = \frac{2 \times 73 \times 10^{-3}}{10^3 \times 9.8} \times \left(\frac{1}{0.3} + \frac{1}{3}\right) \times \frac{1}{10^{-3}} = 5.46 \times 10^{-2}(\text{m}) \approx 5.5(\text{cm})$$

五、自测题

6 – 1　两瓶不同种类的理想气体，它们的温度和压强相同，但体积不同，则分子数密度_____，气体的质量密度_____，单位体积内气体分子的平动动能_____。（填相同或不同）

6 – 2　质量相等的氢气和氦气温度相同，则氢分子和氦分子的平动动能之比为_____，氢气和氦气的平动动能之比为_____，两种气体的内能之比为_____。

6 – 3　把内能为 U_1 的 1mol 氢气和内能为 U_2 的 1mol 氦气相混合，在混合过程中与外界不发生任何能量交换。将这两种气体视为理想气体，那么达到平衡后混合气体的温度为_____。

A. $(U_1 + U_2)/3R$　　　　　B. $(U_1 + U_2)/4R$

C. $(U_1 + U_2)/5R$　　　　　D. 条件不足，难以确定

6 – 4　分子总数为 N 的理想气体，处于平衡状态的速率分布函数为 $f(v)$，其在速率 $v_1 \sim v_2$ 区间内分子的平均速率计算式正确的是_____。

A. $\int_{v_1}^{v_2} vf(v)\,dv$　　　　B. $\dfrac{\int_{v_1}^{v_2} vf(v)\,dv}{N}$

C. $\dfrac{\int_{v_1}^{v_2} vf(v)\,dv}{\int_{v_1}^{v_2} Nf(v)\,dv}$　　　　D. $\dfrac{\int_{v_1}^{v_2} vf(v)\,dv}{\int_{v_1}^{v_2} f(v)\,dv}$

6 – 5　一定量理想气体保持压强不变，则气体分子的平均碰撞频率 $\overline{Z}$ 和平均自由程 $\overline{\lambda}$ 与气体温度 T 的关系为_____。

A. $\overline{Z}$ 正比于 $1/\sqrt{T}$，$\overline{\lambda}$ 正比于 T　　B. $\overline{Z}$ 正比于 $\sqrt{T}$，$\overline{\lambda}$ 正比于 $1/T$

C. $\overline{Z}$ 正比于 T，$\overline{\lambda}$ 正比于 $1/T$　　D. $\overline{Z}$ 与 T 无关，$\overline{\lambda}$ 正比于 T

6 – 6　有 N 个粒子，其速率分布函数为 $\begin{cases} f(v) = \dfrac{dN}{Ndv} = C & (v_0 \geqslant v \geqslant 0) \\ f(v) = 0 & (v > v_0) \end{cases}$

（1）作速率分布函数曲线；（2）由 v_0 求常数 C；（3）求粒子的平均速率。

6-7　1mol 氢气，在温度为 27℃时，它的平动动能、转动动能和内能各为多少？

6-8　玻璃做的毛细管内直径 $d = 0.2$mm，长 $L_0 = 20$mm，垂直插入水中，管的上端是封闭的。问在水面之上的那一段管长 h 应为多少，方能使管内外的水面一样高？（已知水的表面张力系数 $\alpha = 7.3 \times 10^{-2}$N·m^{-1}，大气压 $P_0 = 1.013 \times 10^5$(Pa)）

第七章 热力学基础

一、基本要求

1. 掌握热力学第一定律，并熟练应用于理想气体的四个基本过程及循环过程，熟练热机效率的计算。

2. 掌握热力学第二定律，理解宏观过程的不可逆性和热力学概率之间的关系。

3. 理解熵的概念、熵增加原理，熟练熵的计算。

4. 了解能量退降，了解信息熵的概念。

二、本章提要

1. 准静态过程

过程进行中的每一时刻，系统都处于平衡态。

2. 准静态过程系统对外所做的功

$$\mathrm{d}W = P \cdot \mathrm{d}V, \qquad W = \int_{V_1}^{V_2} P \mathrm{d}V$$

3. 热量

$$\mathrm{d}Q = \mu C_m \mathrm{d}T \qquad Q = \int \mu C_m \mathrm{d}T$$

定容摩尔热容 $\qquad\qquad\qquad C_{V,m} = \dfrac{i}{2}R$

定压摩尔热容 $\qquad\qquad\qquad C_{P,m} = \left(\dfrac{i}{2} + 1\right)R$

迈耶公式 $\qquad\qquad\qquad\qquad C_{P,m} = C_{V,m} + R$

绝热系数 $\qquad\qquad\qquad\qquad \gamma = C_P / C_V$

4. 内能

物体微观粒子一切形式的动能和势能的总和。理想气体任何热力学过程，其内能的增量均可表达成

$$\mathrm{d}E = \mu C_{V,m} \mathrm{d}T \qquad \Delta E = \int \mu C_{V,m} \mathrm{d}T$$

5. 热力学第一定律

$$\mathrm{d}Q = \mathrm{d}E + \mathrm{d}W \qquad Q = \Delta E + W$$

6. 循环过程

循环过程的特点 $\qquad\qquad \Delta E = 0，W = Q_1 - Q_2$

热机的效率 $\qquad\qquad\qquad \eta = \dfrac{W}{Q_1} = 1 - \dfrac{Q_2}{Q_1}$

制冷系数 $\qquad \varepsilon = \dfrac{Q_2}{W} = \dfrac{Q_2}{Q_1 - Q_2}$

7. 卡诺循环

由两等温过程和两绝热过程组成的循环过程。

卡诺热机的效率 $\qquad \eta_{\text{卡诺}} = 1 - \dfrac{Q_2}{Q_1} = 1 - \dfrac{T_2}{T_1}$

8. 可逆过程与不可逆过程

如果逆过程能消除正过程的一切影响，则称这样的过程为可逆过程，否则为不可逆过程。

9. 热力学第二定律

克劳修斯叙述不可能把热量从低温物体传向高温物体而不引起其他变化。

开尔文叙述不可能从单一热源吸取热量，使之完全变成有用的功而不产生其他影响。

10. 卡诺定理

$$\eta_{\text{可逆}} = \eta_{\text{卡诺}} = 1 - \dfrac{T_2}{T_1}$$

$$\eta_{\text{不可逆}} < \eta_{\text{卡诺}} = 1 - \dfrac{T_2}{T_1}$$

11. 熵

玻尔兹曼熵 $\qquad\qquad S = k\ln\Omega$

克劳修斯熵 $\qquad\qquad \mathrm{d}S \geqslant \dfrac{\mathrm{d}Q}{T}, \Delta S = S_2 - S_1 \geqslant \displaystyle\int_1^2 \dfrac{\mathrm{d}Q}{T}$

12. 热力学基本关系

$$T\mathrm{d}S = \mathrm{d}E + p\mathrm{d}V(\text{可逆过程})$$

13. 熵增加原理

一个孤立系统的熵永不减少，即 $\Delta S \geqslant 0$。

14. 能量的退降

$$E_d = T_0 \Delta S$$

15. 信息熵

$$S = -K \sum_{i=1}^{N} P_i \ln P_i$$

16. 信息量

$\Delta I = -\Delta S$（信息增量等于信息熵的减少。）

三、典型例题

例 7 - 1　用热力学第一定律和第二定律分别证明，在 $P - V$ 图上一绝热线与一等温线不能有两个交点。

证：（1）由热力学第一定律有

$$Q = \Delta E + W$$

若有两个交点 a 和 b，则经等温 $a \rightarrow b$ 过程有

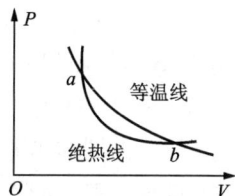

例 7 - 1 图

$$\Delta E_1 = Q_1 - W_1 = 0$$

经绝热 $a \to b$ 过程

$$\Delta E_2 + W_2 = 0$$

$$\Delta E_2 = -W_2 < 0$$

从上得出 $\Delta E_1 \neq \Delta E_2$，这与 a、b 两点的内能变化应该相同矛盾。

（2）若两条曲线有两个交点，则组成闭合曲线而构成了一循环过程，这循环过程只有吸热，无放热，且对外做正功，热机效率为100%，违背了热力学第二定律。

例7-2　1mol 某双原子分子理想气体作图如例 7-2所示的循环。求：（1）整个循环过程中，系统对外所做的功；（2）循环效率。

解：由理想气体状态方程 $PV = \mu RT$ 得

$$T_a = \frac{P_a V_a}{\mu R} = \frac{8.2}{R} = 100(\text{K})$$

同理可得：$T_c = 2T_a$，$T_b = 6T_a$

例7-2图

（1）整个循环过程的功是 Δabc 的面积

$$W = \frac{1}{2}(P_b - P_a)(V_b - V_a) = \frac{1}{2} \times 2P_a \times V_a = RT_a = 831(\text{J})$$

（2）ab 过程中气体内能变化

$$\Delta E = E_b - E_a = C_V(T_b - T_a) = \frac{5}{2}R(T_b - T_a) = \frac{5}{2}R \times 5T_a = \frac{25}{2}RT_a$$

$a-b$ 过程中气体所做的功

$$W_{ab} = \frac{1}{2}(P_a + P_b)(V_b - V_a) = \frac{1}{2} \times 4P_a \times V_a = 2RT_a$$

由热力学第一定律得 ab 过程中气体吸收的热量

$$Q_{ab} = \Delta E + W_{ab} = \frac{29}{2}RT_a$$

循环过程中，ab 为吸热，bc 和 ca 为放热，故

$$Q_{吸} = Q_{ab} = \frac{29}{2}RT_a$$

又上面已计算出循环过程中系统对外做的功 $W = RT_a$，所以有

$$\eta = \frac{W}{Q_{吸}} = \frac{RT_a}{\frac{29}{2}RT_a} = 6.89\%$$

可见热机效率一般是比较低的。

例7-3　由绝热壁构成的容器中间用导热隔板分成两部分，如例7-3图所示，体积均为 V，各盛 1mol 同种理想气体。开始时 A 部温度为 T_A，B 部温度为 $T_B(< T_A)$。经足够长时间两部分气体达到共同的热平衡温度 $T = (T_A + T_B)/2$。试计算此热传导过程初、末两态的熵差。

解：这是一典型的不可逆过程，而且整个系统含有两个子系统，系统的总熵变 ΔS 等于两子系统熵变 ΔS_A、ΔS_B 之和，而 ΔS_A、ΔS_B 只决定于 A、B 的初、末状态，与过程无关。又 A、B 两部分气体从开始到热平衡体积均保持不变，所以我们可设想两可逆等容过程分别连接 A 部

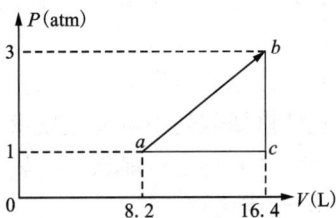

分气体的初、末状态和 B 部分气体的初、末状态，分别求出这两可逆等容过程的熵变，即 ΔS_A、ΔS_B。A 部分气体从开始到热平衡的熵变为

$$\Delta S_A = C_V \ln \frac{T}{T_A}$$

同样，B 部分气体的熵变为 $\Delta S_B = C_V \ln \dfrac{T}{T_B}$，绝热壁构成的整

个容器内的气体的熵变等于 A 部气体和 B 部气体的熵变之和

$$\Delta S = \Delta S_A + \Delta S_B = C_V \ln \frac{T}{T_A} + C_V \ln \frac{T}{T_B} = C_V \ln \frac{T^2}{T_A T_B} = C_V \ln \frac{(T_A + T_B)^2}{4T_A T_B}$$

>0，表明不可逆过程的熵增加了，所以这一过程可以自动进行。

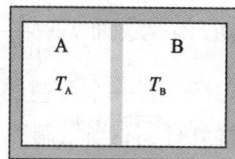

例 7－3 图

四、思考题与习题解答

7－1　下列说法是否正确：（1）物体的温度愈高，则热量愈多；（2）物体的温度愈高，则内能愈大；（3）运动物体的动能愈大，则其内能愈大。

答：（1）不正确；（2）正确；（3）不正确。

7－2　如图示，有三个循环过程，指出每一循环过程所做的功是正的、负的，还是零，说明理由。

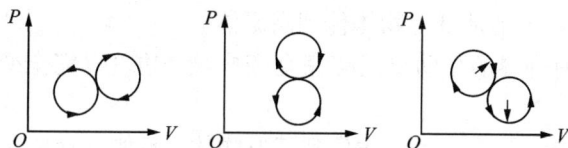

思考题 7－2 图

解： 各图中所表示的循环过程做功都为 0。因为各图中整个循环分两部分，各部分面积大小相等，而循环方向一个为逆时针，另一个为顺时针，整个循环过程做功为 0。

7－3　讨论理想气体在下述过程中，ΔE、ΔT、W 和 Q 的正负：

（1）图（a）中的 1－2－3 过程；

（2）图（b）中的 1－2－3 和 1－2′－3 过程。

解：（1）图（a）中的 1－2－3 过程：

$\Delta T = 0, \Delta E = 0, W < 0$

$Q = W + \Delta E < 0$

（2）图（b）中的 1－3 过程：

$Q_{绝热} = 0, \Delta E_{绝热} = Q_{绝热} - W_{绝热} = -W_{绝热} < 0$

1－2－3 过程：

$W > 0, \Delta E = \Delta E_{绝热} < 0$

$W < |\Delta E|, \qquad Q = \Delta E + W < 0$

1－2′－3 过程：

$W > 0, \Delta E = \Delta E_{绝热} < 0$

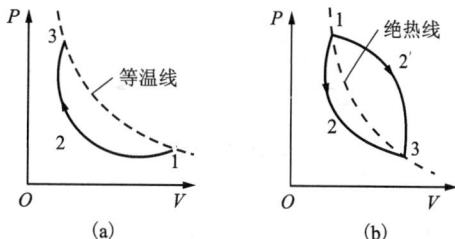

习题 7－3

$W > |\Delta E|, \qquad Q = \Delta E + W > 0$

7-4　某理想气体按 $PV^2 = C(C$ 为恒量$)$ 的规律膨胀，问此理想气体的温度是升高还是降低？

答：将 $PV = \mu RT$ 代入 $PV^2 = C$ 得

$\mu RTV = C$，即 $T = \dfrac{C}{\mu RV}$，V 增加，T 降低。

7-5　有一个可逆的卡诺机，以它做热机使用时，如果工作的两热库温差愈大，则对于做功就愈有利；当做制冷机使用时，如果两热库的温差愈大，对于制冷机是否也愈有利？为什么？

答：卡诺热机效率：$\eta_{卡诺} = 1 - \dfrac{T_2}{T_1}$

如果工作的两热库温差愈大，$\dfrac{T_2}{T_1}$ 愈小，$\eta_{卡诺}$ 愈大，则对做功就愈有利；

卡诺致冷机的制冷系数 $\varepsilon_{卡诺} = \dfrac{T_2}{T_1 - T_2}$

如果工作的两热库温差愈大，$\dfrac{T_2}{T_1 - T_2}$ 愈小，$\varepsilon_{卡诺}$ 愈小，则对制冷机的制冷效果愈不利。

7-6　下述说法是否正确：(1)功可以完全变成热，但热不能完变成功；(2)热量只能从高温物体传到低温物体，不能从低温物体传到高温体。

答：(1)不正确。有外界的帮助热能够完全变成功；功可以完全变成热，但热不能自动地完全变成功。

(2)不正确。热量能自动从高温物体传到低温物体，不能自动地由低温物体传到高温物体。但在外界的帮助下，热量能从低温物体传到高温物体。

7-7　一循环过程如图示，试指出：(1)ab、bc、ca 各是什么过程；(2)画出 $P-V$ 图；(3)该循环是否是正循环？(4)该循环做的功是否等于三角形面积？(5)用图中的热量 Q_{ab}、Q_{bc}、Q_{ac} 表示其热机效率或制冷系数。

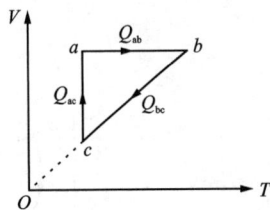

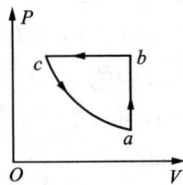

习题 7-7 图　　　　　　习题 7-7 解析图

解：(1)ab 是等体过程。

bc 过程：从图知有 $V = KT$，K 为斜率

由 $pV = vRT$ 得 $p = \dfrac{vR}{K}$

故 bc 为等压过程。

ca 是等温过程。

(2)如图习题 7 – 7 解析图所示。

(3)该循环是逆循环

(4)该循环做的功不等于直角三角形面积,因为直角三角形不是 $P-V$ 图中的图形。

$(5)\varepsilon = \dfrac{Q_{ab}}{Q_{bc}+Q_{ca}-Q_{ab}}$

7 – 8 一定量的理想气体,分别进行如图所示的两个卡诺循环。若在 $P-V$ 图上这两个循环曲线所围面积相等,试问:(1)它们吸热和放热的差值是否相等?(2)对外做的净功是否相等?(3)效率是否相等?

答:由于卡诺循环曲线所包围的面积相等,系统对外所做的净功相等,也就是吸热和放热的差值相等,但效率不相同。

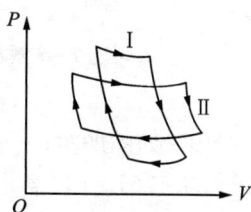

$\eta = 1 - \dfrac{T_2}{T_1}$, $\eta' = 1 - \dfrac{T_2'}{T_1'}$

$T_1 > T_1'$, $T_2 < T_2'$

$\dfrac{T_2}{T_1} < \dfrac{T_2'}{T_1'}$, 故 $\eta > \eta'$

习题 7 – 8 图

7 – 9 使一定质量的理想气体的状态按如图中的曲线沿箭头所示的方向发生变化,图中 BC 段是以 p 轴和 V 轴为渐近线的双曲线。(1)已知气体在状态 A 时的温度 $T_A = 300\text{K}$,求气体在 B、C 和 D 状态时的温度。(2)从 A 到 D 气体对外做的功总共是多少?(3)将上述过程在 $V-T$ 图上画出,并标明过程进行的方向。

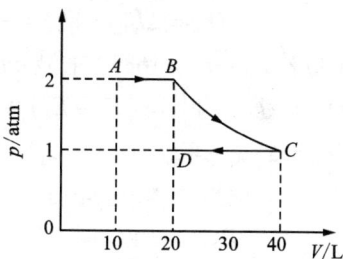

习题 7 – 9 图

解:$(1)AB$ 等压:$\dfrac{V_A}{T_A} = \dfrac{V_B}{T_B}$, 即 $\dfrac{10}{300} = \dfrac{20}{T_B}$

得 $T_B = 600(\text{K})$

CD 等压:$\dfrac{V_C}{T_C} = \dfrac{V_D}{T_D}$ 即 $\dfrac{40}{600} = \dfrac{20}{T_D}$

得 $T_D = 300(\text{K})$

$(2)W_{AB} = P_A(V_B - V_A) = 2 \times 1.01 \times 10^5 \times (20-10) \times 10^{-3} = 2.02 \times 10^3(\text{J})$

$W_{BC} = \mu R T_B \ln\dfrac{V_C}{V_B} = \mu R \times T_B \ln 2$

$P_B V_B = \mu R T_B = 2 \times 1.01 \times 10^5 \times 20 \times 10^{-3} = 4.04 \times 10^3(\text{J})$

$W_{BC} = 4.04 \times 10^3 \ln 2 = 2.80 \times 10^3(\text{J})$

$W_{CD} = P_C(V_D - V_C) = 1 \times 1.01 \times 10^5 \times (20-40) \times 10^{-3} = -2.02 \times 10^3(\text{J})$

$W_{总} = W_{AB} + W_{BC} + W_{CD} = 2.80 \times 10^3(\text{J})$

(3)见习题 7 – 9 解析图。

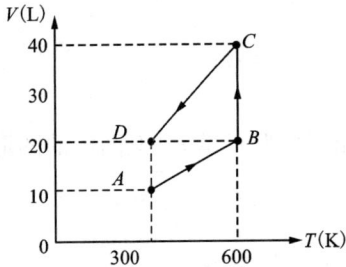

习题 7 – 9 解析图

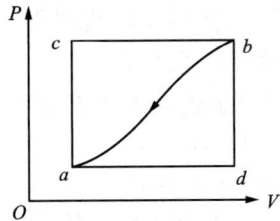

习题 7 – 10 图

7 – 10　如图所示，一系统由状态 a 沿 acb 到达状态 b 的过程中，有 350J 热量传入系统，而系统做功 126J。（1）若沿 adb 时，系统做功 42J，问有多少热量传入系统？（2）若系统由状态 b 沿曲线 ba 返回状态 a 时，外界对系统做功为 84J，问系统是吸热还是放热？热量传递是多少？（3）若 $E_d - E_a = 168$J，求沿 ad 及 db 各吸多少热量。

解：根据热力学第一定律 $Q = \Delta E + W$，系统经 acb 过程，其内能增量为：

$$\Delta E_{acb} = E_b - E_a = Q_{acb} - W_{acb} = 350 - 126 = 224(\text{J})$$

（1）系统经 adb 过程传入热量：

$$Q_{adb} = \Delta E_{adb} + W_{adb} = 224 + 42 = 266(\text{J})$$

（2）系统沿 ba 过程：

$$Q_{ba} = \Delta E_{ba} + W_{ba} = -\Delta E_{ab} + W_{ba} = -224 - 84 = -308(\text{J})，放热。$$

（3）若 $E_d - E_a = 168$J，求沿 ad 及 bd 吸收的热量：

$$Q_{ad} = \Delta E_{ad} + W_{ad} = (E_d - E_a) + W_{adb} = 168 + 42 = 210(\text{J})$$

$$Q_{db} = \Delta E_{db} + W_{db} = (E_b - E_d) + 0 = (E_b - E_a) - (E_d - E_a) = 224 - 168 = 56(\text{J})$$

7 – 11　理想气体由初状态 (P_0, V_0) 经绝热膨胀至末状态 (P, V)，试证该过程中气体所做的功为 $W = \dfrac{P_0 V_0 - PV}{\gamma - 1}$。

证明：绝热过程做功为

$$W_S = -\Delta E = -\mu C_V (T_2 - T_1) = \frac{i}{2}\mu R(T_1 - T_2)$$

$\gamma = \dfrac{i+2}{i}$，$i = \dfrac{2}{\gamma - 1}$，且 $PV = \mu RT$，故 $W_S = \dfrac{i}{2}(\mu RT_1 - \mu RT_2) = \dfrac{P_1 V_1 - P_2 V_2}{\gamma - 1}$

7 – 12　1mol 的水蒸气（视为理想气体）经历如图所示循环，其中 AB 为等容线，BC 为一直线，CA 为等温线，求此循环效率。

解：水蒸气 $i = 6$，设状态 A 的温度为 $T_A = T_1$，AB 为等容线，则有：

$$T_B = \frac{P_B}{P_A}T_1 = 2T_1$$

AC 为等温线，则有 $T_C = T_A = T_1$，状态 C 的压强：

$$P_C = \frac{P_A V_A}{V_C} = \frac{P_1 V_1}{1.5 V_1} = \frac{2}{3}P_1$$

AB 等容过程：

$$Q_{AB} = C_V(T_B - T_A) = \frac{6}{2}R(2T_1 - T_1) = 3RT_1 = 3P_1V_1 > 0, \text{吸热}。$$

BC 多方过程：

$$\Delta E_{BC} = E_C - E_B = \frac{i}{2}R(T_C - T_B) = 3R(T_1 - 2T_1) = -3RT_1 = -3P_1V_1$$

$$W_{BC} = S_{V_1BCV_2} = \frac{1}{2}\left(2P_1 + \frac{2}{3}P_1\right) \cdot (1.5V_1 - V_1) = \frac{2}{3}P_1V_1$$

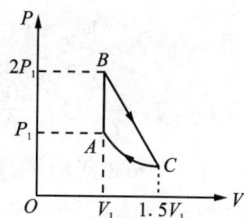
习题 7 – 12 图

$$Q_{BC} = \Delta E_{BC} + W_{BC} = -3P_1V_1 + \frac{2}{3}P_1V_1 = -\frac{7}{3}P_1V_1 < 0, \text{放热}。$$

CA 等温过程：

$$Q_{CA} = RT_1 \ln\frac{V_1}{V_2} = P_1V_1 \ln\frac{2}{3} = -P_1V_1 \ln\frac{3}{2} < 0, \text{放热}。$$

循环效率：$\eta = 1 - \dfrac{Q_2}{Q_1} = 1 - \dfrac{|Q_{BC}| + |Q_{CA}|}{Q_{AB}} = 1 - \dfrac{\left(\frac{7}{3} + \ln\frac{3}{2}\right)P_1V_1}{3P_1V_1} = 8.7\%$

7 – 13　图中所示是一定量理想气体的一循环过程，由它的 $T - V$ 图给出。其中 CA 为绝热过程，状态 $A(T_1, V_1)$、状态 $B(T_1, V_2)$ 为已知。(1)在 AB、BC 两过程中，工作物质是吸热还是放热？(2)求状态 C 的温度 T_C。(设气体的 γ 和摩尔数 μ 已知)(3)这个循环是不是卡诺循环？在 $T - V$ 图上卡诺循环应如何表示？(4)求这个循环的效率。

解：(1)AB 为等温膨胀过程：$Q_{AB} = W_{AB} > 0$，吸热。

$\quad\quad BC$ 为等容降温过程：$Q_{BC} = \Delta E_{BC} < 0$，放热。

(2)CA 为绝热过程：

$$T_1 V_1^{\gamma-1} = T_C V_2^{\gamma-1} \quad\quad T_C = T_1(V_1/V_2)^{\gamma-1}$$

(3)不是卡诺循环。

$T - V$ 图上卡诺循环如解析图所示。

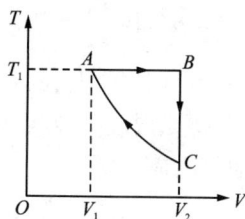
习题 7 – 13 图

(4)AB 等温：吸热　$Q_1 = \mu RT_1 \ln\dfrac{V_2}{V_1}$

BC 等容：放热　$Q_2 = \mu C_V(T_B - T_C) = \mu C_V T_1\left[1 - \left(\dfrac{V_1}{V_2}\right)^{\gamma-1}\right]$

循环过程的效率为：$\eta = 1 - \dfrac{Q_2}{Q_1} = 1 - \dfrac{C_V[1 - (V_1/V_2)^{\gamma-1}]}{R\ln(V_2/V_1)}$

$$= 1 - \frac{1 - (V_1/V_2)^{\gamma-1}}{(\gamma-1)\ln(V_2/V_1)}$$

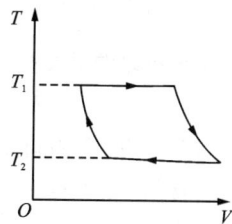
习题 7 – 13 解析图

7 – 14　以理想气体为工作物质的热机，按照卡诺循环工作于 227℃ 与 127℃ 之间。它从高温热源吸取 2.51×10^5J 的热量。试问：(1)此热机在每次循环中所做的功为多少？(2)此热机的效率为多少？

解：(1)对卡诺循环：$\quad\quad\quad\quad \eta = \dfrac{W_{有}}{Q_1} = 1 - \dfrac{T_2}{T_1}$

$$W_{有} = (1 - \frac{T_2}{T_1})Q_1 = (1 - \frac{400}{500}) \times 2.51 \times 10^5 = 5.02 \times 10^4 (\text{J})$$

(2) $\eta = 1 - \frac{T_2}{T_1} = 1 - \frac{400}{500} = 20\%$

7-15　2mol 双原子理想气体，起始温度为27℃，先做等压膨胀至原体积的 2 倍，然后做绝热膨胀至起始温度。求：(1)吸收的总热量；(2)做的总功；(3)内能的总改变量；(4)末状态与起始状态的熵差。

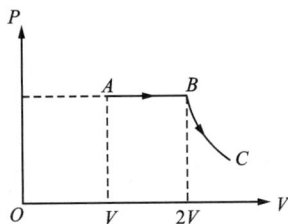

解： AB 等压：$\frac{T_B}{T_A} = \frac{V_B}{V_A}$　$T_B = 2T_A = 600(\text{K})$

(1) $Q = Q_{AB} = \mu C_P(T_B - T_A) = 2 \times \frac{7}{2}R(600 - 300) = 1.745 \times 10^4(\text{J})$

(2) $\Delta E = 0$　$W = Q = 1.745 \times 10^4(\text{J})$

(3) $\Delta E = 0$

(4) $\Delta S_{BC} = 0$

$$\Delta S = \Delta S_{AB} + \Delta S_{BC} = \Delta S_{AB} = \int_{AB} \frac{\mathrm{d}Q}{T} = \int \frac{\mu C_P \mathrm{d}_T}{T}$$

$$= \mu C_P \ln \frac{T_B}{T_A} = 2 \times \frac{7}{2}R\ln2 = 40.32(\text{J/K})$$

7-16　把 0.5kg 的 0℃的冰块加热到它全部融化成 0℃的水，问：(1)冰的熵变如何？(2)若热源是温度为 20℃的庞大物体，那么热源的熵变是多少？(3)冰和热源的总熵变是多少？增加还是减少？

解： (1)冰的融解热 $\lambda = 3.352 \times 10^5 \text{J/kg}$，0℃的冰变成 0℃的水，其熵变为：

$$\Delta S_1 = \int \frac{\mathrm{d}Q}{T_0} = \frac{Q}{T_0} = \frac{m\lambda}{T_0} = \frac{0.5 \times 3.352 \times 10^5}{273} = 614(\text{J/K})$$

(2)热源的熵变为：

$$\Delta S_2 = \int \frac{\mathrm{d}Q}{T} = \frac{-Q}{T} = \frac{-m\lambda}{T} = \frac{-0.5 \times 3.352 \times 10^5}{293} = -572(\text{J/K})$$

(3)冰和热源的总熵变为：

$$\Delta S = \Delta S_1 + \Delta S_2 = 614 - 572 = 42(\text{J/K}) > 0，总熵增加。$$

7-17　有两个相同体积的容器，分别装有 1mol 的水，初始温度分别为 T_1 和 $T_2(T_1 > T_2)$，令其进行接触(与外界无热交换)，最后达到相同的温度 T，求总熵变。(设水的摩尔热容为 C_m)

解： 两盛水容器接触后交换热量，其热平衡方程为：

$$C_m \cdot (T_1 - T) = C_m \cdot (T - T_2)$$

则有

$$T = \frac{T_1 + T_2}{2}$$

系统的熵变为：$\Delta S = \Delta S_1 + \Delta S_2 = \int_{T_1}^{T} \frac{\mathrm{d}Q}{T} + \int_{T_2}^{T} \frac{\mathrm{d}Q}{T} = C_m \cdot \left[\int_{T_1}^{T} \frac{\mathrm{d}T}{T} + \int_{T_2}^{T} \frac{\mathrm{d}T}{T} \right]$

$$= C_m \cdot \left[\ln \frac{T}{T_1} + \ln \frac{T}{T_2} \right] = C_m \cdot \ln \frac{T^2}{T_1 T_2} = C_m \cdot \ln \frac{(T_1 + T_2)^2}{4T_1 T_2}$$

7 − 18 计算 1mol 铜在 $1.013 \times 10^5 Pa$ 压强下温度由 300K 升到 1200K 时的熵变。已知在此温度范围内铜的定压摩尔热容为 $C_{P,m} = a + bT$，其中 $a = 2.3 \times 10^4 J/(mol \cdot K)$，$b = 5.92 J/(mol \cdot K)$。

解： $\Delta S = \int_{300}^{1200} \frac{C_P dT}{T} = \int_{300}^{1200} \frac{(a + bT)}{T} dT = a\ln\frac{1200}{300} + b(1200 - 300)$

$= 2.3 \times 10^4 \ln 4 + 5.92 \times 900 = 3.72 \times 10^4 (J/K)$

五、自测题

7 − 1 理想气体内能从 E_1 变到 E_2，对等压、等容两过程，其温度变化_____，吸热量_____。（填相同或不相同）

7 − 2 若理想气体依照 $p = a/V^2$ 的规律变化，其中 a 为常数，则气体体积由 V_1 膨胀到 V_2 所做的功为_____；膨胀时气体的温度是升高还是降低？_____。

7 − 3 1mol 理想气体从同一状态出发，分别经历绝热、等压、等温三种过程，体积从 V_1 增大到 V_2，则内能增加的过程是_____。

A. 绝热过程　　B. 等压过程　　C. 等温过程

7 − 4 1mol 氢气在压强为 1atm、温度为 20℃时，体积为 V_0，今使其经以下两个过程达到同一状态，试分别计算以下两种过程中气体吸收的热量、对外做功、内能的增量，并在 $P − V$ 图上画出上述过程。（1）先保持体积不变，加热使其温度升高到 80℃，然后令其做等温膨胀，体积变为原体积的 2 倍。（2）先使其等温膨胀到原体积的 2 倍，然后保持体积不变，加热到 80℃。

7 − 5 设有一以理想气体为介质的热机循环，如题 7 − 5 图所示。试证其循环效率为

$$\eta = 1 - \gamma \frac{\frac{V_1}{V_2} - 1}{\frac{p_1}{p_2} - 1}$$

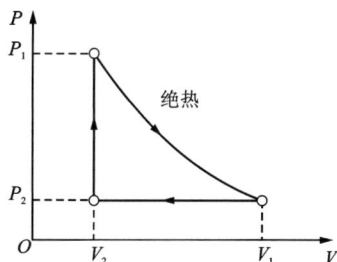

自测题 7 − 5 图

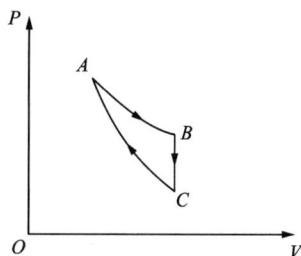

自测题 7 − 6 图

7 − 6 如图示为 1mol 氧气理想气体的循环过程。其中 AB 为等温过程，CA 为绝热过程，BC 为等体过程。设 T_A、T_C 已知，求：

（1）整个过程中系统对外所做的功和循环过程的效率；

（2）系统从 A 态变化到 B 态时熵的变化和系统从 A 态变化到 C 态时熵的变化。

7-7 有一卡诺循环，当高温热源温度为 127℃、低温热源为 27℃时，循环一次作净功 5000J，今维持低温热源不变，提高高温热源温度，循环一次使净功增为 10000J。若此两循环都工作在相同的二绝热线之间，工作物质均为同质量的同种理想气体。则热源温度增为多少？效率又增为多少？

第八章　静电场

一、基本要求

1. 掌握电场强度、电势的概念和二者的相互关系与计算及静电场能量的计算。

2. 掌握静电场的叠加原理、高斯定理与环路定理，理解这些定理所揭示的静电场的性质。

3. 理解静电场与电介质的相互作用规律。

4. 了解心电知识。

二、本章提要

1. 库仑定律

$$\vec{F} = k \frac{q_1 q_2}{r^2} \vec{e}_{12}$$

2. 电场强度、电势

定义：$\vec{E} = \dfrac{\vec{F}}{q_0}$　　　　$U_a = \dfrac{W_a}{q_0} = \displaystyle\int_a^\infty \vec{E} \cdot \mathrm{d}\vec{l}$

点电荷系电场中电场强度的计算：$\vec{E} = \displaystyle\sum_i \frac{1}{4\pi\varepsilon_0} \frac{q_i}{r_i^2} \vec{e}_{ri}$　　　$U = \displaystyle\sum_i \frac{1}{4\pi\varepsilon_0} \frac{q_i}{r_i}$

连续分布电荷电场中电场的计算：$\vec{E} = \displaystyle\int \mathrm{d}\vec{E}$　　　$U = \displaystyle\int \mathrm{d}U$

3. 电通量

$$\Phi_E = \iint_S \mathrm{d}\Phi_E = \iint_S E \mathrm{d}S \cos\theta = \iint_S \vec{E} \cdot \mathrm{d}\vec{S}$$

4. 静电场的叠加原理

$$\vec{E} = \sum_{i=1}^n \vec{E}_i \quad U_p = \sum_i U_{P_i} = \sum_i \int_P^\infty \vec{E}_i \cdot \mathrm{d}\vec{l}$$

$$A_{ab} = \sum_i A_{abi} = \sum_i \int_a^b q\vec{E}_i \cdot \mathrm{d}\vec{l}$$

5. 真空中的高斯定律

$$\Phi_E = \oiint \vec{E} \cdot \mathrm{d}\vec{S} = \frac{1}{\varepsilon_0} \sum_i q_i$$

应用高斯定律可以求解电荷对称分布的静电场的电场强度。

6. 静电场中的环路定理

$$\oint_L \vec{E} \cdot \mathrm{d}\vec{l} = 0$$

7. 电场强度与电势的关系

$$U_P = \int_P^\infty \vec{E} \cdot \mathrm{d}\vec{l} \qquad \vec{E} = -\Delta U$$

8. 电介质的极化与电容率

$$P = \frac{\sum p_i}{\Delta V} \qquad \varepsilon = \varepsilon_0 \varepsilon_r \qquad \varepsilon_r = 1 + x_e$$

9. 电位移、有电介质时的高斯定理

$$\vec{D} = \varepsilon_0 \vec{E} + \vec{P} = \varepsilon \vec{E} \qquad \oiint_S \vec{D} \cdot \mathrm{d}\vec{S} = \sum_i q_{0i}$$

10. 均匀电介质中的静电场

$$\vec{E} = \vec{E}_0 + \vec{E}' \qquad \vec{E} = \frac{1}{\varepsilon_r} \vec{E}_0$$

11. 电容器的电容与能量

$$C_0 = \frac{q}{U_{AB}} = \varepsilon_0 \frac{S}{d} \qquad C = \frac{q}{U_{AB}} = \varepsilon_r C_0 = \varepsilon \frac{S}{d}$$

$$W = \frac{1}{2} \frac{Q^2}{C} = \frac{1}{2} C U_{AB}^2 = \frac{1}{2} Q U_{AB}$$

12. 静电场的能量与能量密度

$$w_e = \frac{W}{V} = \frac{1}{2} \varepsilon E^2 \qquad W_e = \frac{1}{2} \varepsilon E^2 V \qquad W_e = \int_V \frac{1}{2} \varepsilon E^2 \mathrm{d}V$$

三、典型例题

例 8 - 1 电量 $+q$ 均匀分布在 L 的线段上，求此线段延长线上距离线段近端为 a 处点的电场强度 $\vec{E}$。

解：如图，以带电线段远离场点 P 的端点为坐标原点，该直线为坐标轴。将线段分为若干段，取任意元段 $\mathrm{d}l$，其带电为 $\mathrm{d}q = \frac{+q}{L}\mathrm{d}l$，可视其为点电荷，则 $\mathrm{d}q$ 在 P 点的场强大小为 $\mathrm{d}E$

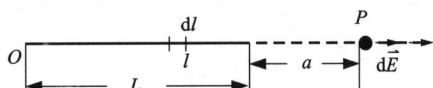
例 8 - 1 图

$= \frac{1}{4\pi\varepsilon_0} \frac{\mathrm{d}q}{(a+L-l)^2} = \frac{1}{4\pi\varepsilon_0} \frac{q\mathrm{d}l}{(a+L-l)^2 L}$，方向沿坐标轴正向。根据叠加定理，直线上电荷在 P 点产生的场强 $\vec{E}$ 沿坐标轴正向、大小为

$$E = \int \mathrm{d}E = \int_0^L \frac{1}{4\pi\varepsilon_0} \frac{q\mathrm{d}l}{(a+L-l)^2 L}$$

$$= \frac{1}{4\pi\varepsilon_0} \frac{q}{L} \frac{1}{(a+L-l)} \bigg|_0^L$$

$$= \frac{1}{4\pi\varepsilon_0} \frac{q}{L} \left[\frac{1}{a} - \frac{1}{(a+L)} \right] = \frac{1}{4\pi\varepsilon_0} \frac{q}{a(a+L)}$$

答：此带正电线段在其延长线上距离近端为 a 处 P 点的电场强度为 $\frac{1}{4\pi\varepsilon_0} \frac{q}{a(a+L)}$；方向

沿直线上背向直线，若线段带负电时场强则指向直线。

例 8-2　一大球体内均匀分布着电荷体密度为 ρ 的正电荷，若保持电荷分布不变，在该球体内挖去半径为 r 的一个小球体，球心为 O'，两球心间的距离 $OO'=d$，如图所示。求：(1)在球形空腔内，球心 O' 处的电场强度 E_0；(2)在球体内 P 点处的电场强度 E，设 O'、O、P 三点在同一直径上且 $OP=d$。

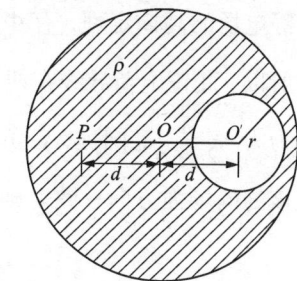

例 8-2 图

解：补偿法求解，腔可看成是电荷密度为 $-\rho$、半径为 r 的球体与大球体叠加的效果。

(1)令大球在 O' 的场强大小为 $E_{O'大}$，由于电荷分布的球对称性，作与大球同心、半径为 d 的高斯球面，则有

$$E_{O'大} \cdot 4\pi d^2 = \frac{\rho \cdot \frac{4}{3}\pi d^3}{\varepsilon_0} \Rightarrow E_{O'大} = \frac{\rho d}{3\varepsilon_0}$$

小球在 O' 的场强大小为 $E_{O'小}=0$，$|\vec{E_0}|=|\vec{E}_{O'大}+\vec{E}_{O'小}|=\frac{\rho d}{3\varepsilon_0}$，方向沿 $\overrightarrow{OO'}$ 方向。

(2)同理：大球在 P 点的场强大小为 $E_{P大}=-\frac{\rho d}{3\varepsilon_0}$（负号表示场强方向向左）；小球在 P 点的场强大小为

$$E_{P小} \cdot 4\pi(2d)^2 = \frac{\rho \frac{4}{3}\pi r^3}{\varepsilon_0}$$

$$E_{P小} = \frac{\rho r^3}{12\varepsilon_0 d^2}$$

则
$$|\vec{E}| = |\vec{E}_{P大}+\vec{E}_{P小}| = -\frac{\rho}{3\varepsilon_0}\left(d-\frac{r^3}{4d^2}\right)$$

答：(1)球形空腔内球心处的电场强度为 $|\vec{E_0}|=|\vec{E}_{O'大}+\vec{E}_{O'小}|=\frac{\rho d}{3\varepsilon_0}$；(2)大球体内 P 点处的电场强度为 $|\vec{E}|=|\vec{E}_{P大}+\vec{E}_{P小}|=-\frac{\rho}{3\varepsilon_0}\left(d-\frac{r^3}{4d^2}\right)$。

例 8-3　有两根半径为 a、相距为 d 的无限长直线带等量异号电荷，满足关系 $d\gg a$，单位长度上的电量为 λ，求这两根导线的电势差。

解：先计算带电量为 $+q$ 的导线在空间中产生的电场。如图，由于长直线分布电荷电场的轴对称，作一个以长直线为轴的任一同轴圆柱面为高斯面，由于长直线分布电荷的电场是轴对称分布，空间中任意一点的场强方向为该点到轴线的垂线上、同一高斯柱面上各点场强大小相等。则该高斯面的电通量为

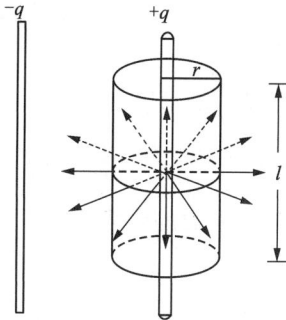

例 8-3 图

$$\Phi_e = \int_{S圆柱面上底面} E\cos\theta \mathrm{d}S + \int_{S圆柱面下底面} E\cos\theta \mathrm{d}S + \int_{S圆柱面侧面} E\cos\theta \mathrm{d}S$$

$$\Phi_e = 0 + 0 + E2\pi rl$$

根据静电场的高斯定理,有 $\Phi_e = E2\pi rl = \dfrac{q}{\varepsilon_0} = \dfrac{\lambda l}{\varepsilon_0}$。

所以,此正电荷导线在两导线平面上一点 P 点的场强的方向是垂直于轴向外辐射的,其大小为 $E = \dfrac{\lambda}{2\pi\varepsilon_0 r}$;同理,带负电荷在该点处产生的场强大小为 $E = \dfrac{\lambda}{2\pi\varepsilon_0(d-r)}$,方向与正电荷在该处的场强方向一致。则该处合场强为

$$E = \frac{\lambda}{2\pi\varepsilon_0(d-r)} + \frac{\lambda}{2\pi\varepsilon_0 r}$$

根据电势差定义,两根导线的电势差为

$$U = \int_a^{d-a} \left[\frac{\lambda}{2\pi\varepsilon_0(d-r)} + \frac{\lambda}{2\pi\varepsilon_0 r} \right] dr = \frac{\lambda}{2\pi\varepsilon_0} \left[\ln r - \ln(d-r) \right] \Big|_a^{d-a} = \frac{\lambda}{\pi\varepsilon_0} \ln\left(\frac{d-a}{a}\right)$$

答:两根半径为 a、相距为 d 带等量异号电荷的无限长直导线的电势差为 $\dfrac{\lambda}{\pi\varepsilon_0} \ln\left(\dfrac{d-a}{a}\right)$。

例 8 – 4　半径为 R,电量为 q 均匀带电球体处于真空中,求其静电能。

解: (1)第 1 种解法:

根据球对称电场分布特性,由高斯定理可求出均匀带电球体所激发的电场分布为

$$E = \begin{cases} \dfrac{1}{4\pi\varepsilon_0} \dfrac{q}{R^3} r & (r < R) \\[3mm] \dfrac{1}{4\pi\varepsilon_0} \dfrac{q}{r^2} & (r > R) \end{cases}$$

带电球体的静电能为

$$W = \frac{\varepsilon_0}{2} \iiint_V E^2 dV = \frac{\varepsilon_0}{2} \int_0^R \left(\frac{qr}{4\pi\varepsilon_0 R^3} \right)^2 4\pi r^2 dr + \frac{\varepsilon_0}{2} \int_R^\infty \left(\frac{q}{4\pi\varepsilon_0 r^2} \right)^2 4\pi r^2 dr$$

$$= \frac{q^2}{40\pi\varepsilon_0 R} + \frac{q^2}{8\pi\varepsilon_0 R} = \frac{3}{20} \frac{q^2}{\pi\varepsilon_0 R}$$

(2)第 2 种解法:

设想把带电球体分割成一系列半径从零到 R 的薄球壳,并累加使这些球壳带电时外力所做的功,就等于带电球体的总静电能。按题意,带电球体的体电荷密度为

$$\rho = Q / \left(\frac{4}{3}\pi R^3 \right)$$

则半径为 r 的带电球体的总电量为

$$q = \rho \left(\frac{4}{3}\pi r^3 \right) = \frac{Qr^3}{R^3}$$

该带电球表面的电势为

$$U(r) = \frac{q}{4\pi\varepsilon_0 r} = \frac{Qr^2}{4\pi\varepsilon_0 R^3}$$

如果通过增加一个新的球壳来使该带电球体的半径增加 dr,这时电量的增加为

$$dq = \frac{3Qr^2}{R^3} dr$$

而把该球壳累加在半径为 r 的带电球上所需做的元功为

$$\mathrm{d}A = U\mathrm{d}q = \frac{3Q^2 r^4}{4\pi\varepsilon_0 R^6}\mathrm{d}r = \mathrm{d}W_e$$

所以，半径为 R 的带电球体的静电能为

$$W_e = \int_0^Q U\mathrm{d}q = \int_0^R \frac{3Q^2 r^4}{4\pi\varepsilon_0 R^6}\mathrm{d}r = \frac{3Q^2}{20\pi\varepsilon_0 R}$$

答：半径为 R，电量为 q 均匀带电球体处于真空中，其静电能为 $\dfrac{3Q^2}{20\pi\varepsilon_0 R}$。

四、思考题与习题解答

8-1　根据库仑定律，当两个点电荷靠得很近时，它们之间的作用力趋于无穷大，这种说法正确吗？为什么？

答：这种说法不正确。因为当两个点电荷靠得很近时，电荷本身的线度不再远小于它们间的距离，此时这两个电荷就不能当做点电荷，两个点电荷的相互作用力就不遵从两电荷间的作用力公式——库仑定律。所以它们之间的作用力不会趋于无穷大。

8-2　试讨论下列问题：(1)当电场中闭合曲面内的电荷的代数和等于零时，是不是闭合曲面上任一点的场强一定是零？为什么？(2)在什么情况可用高斯定理求一点的场强？当用高斯定理求场强时，应该怎样选择高斯面？

答：(1)不是。电场中闭合曲面内的电荷的代数和等于零时，只能说明通过该闭合曲面的总电通量为零，既不能说明高斯面上任一点的场强为零，也不能说明通过该处面元的电通量为零。(2)当电荷分布具有某些对称性时，从而使相应的电场分布也具有一定的对称性，可应用高斯定理来计算场强。一般地，过场点作出适当的高斯面，要能方便地计算通过高斯面的电场强度通量，或利用 E 的大小在所取的面上为常量，E 的方向与面的法线处处平行；或利用 E 的方向与所取面的法线方向处处垂直；或利用电场强度在所取面的区域中处处为零。最后从写出的高斯定理中解出 E 的表达式。

8-3　电介质中的极化电荷与导体上的感应电荷有何区别？

答：导体置于外电场中 $\vec{E_0}$，其内部自由电子在 $\vec{E_0}$ 的作用下做定向运动，最后在导体的侧面产生感应电荷，此类感应电荷可以通过导线离开导体。电介质处于外电场中，由于极化，每个分子在外电场中都成为电偶极子，其方向都沿外电场的方向，所以在与外电场垂直的两个表面上分别出现正、负电荷，但这种表面电荷不能离开电介质。

8-4　在真空中有板面积为 S、间距为 d 的两平行带电板(d 远小于板的线度)分别带电量 $+q$ 与 $-q$。有人说该两板之间的作用力大小为 $F = k\dfrac{q^2}{d^2}$；也有人说因为 $F = qE$，$E = \dfrac{\sigma}{\varepsilon_0} = \dfrac{q}{\varepsilon_0 S}$，所以 $F = \dfrac{q^2}{\varepsilon_0 S}$。试问这两种说法对还是错？为什么？$F$ 应是多少？

答：题中两种说法都不对。第一种说法是误将两带电板作为点电荷处理；第二种说法是误将两带电板产生的合场强作为一个板的场强处理。正确的结论是，一个板在另一个板的电场中受力 $F = qE = \dfrac{q\sigma}{2\varepsilon_0} = \dfrac{q^2}{2\varepsilon_0 S}$。

8-5　两正点电荷 q 和 $4q$ 相距为 l，试问在什么地方，放置一个什么样的点电荷，可使这三个电荷达到受力平衡？

解：根据受力分析，此电荷只能放在 q 和 $4q$ 两点电荷的连线上，并且电荷必须带负电，设此电荷电量为 Q，距电荷 q 为 x，则有

$$\frac{qQ}{4\pi\varepsilon_0 x^2} = \frac{4qQ}{4\pi\varepsilon_0 (l-x)^2}$$

解得

$$x = \frac{l}{3}$$

由 q 电荷所受合力为 0 可得

$$\frac{qQ}{4\pi\varepsilon_0 x^2} = \frac{4q \cdot q}{4\pi\varepsilon_0 l^2}$$

解得 $Q = -\frac{4}{9}q$（负号表示 Q 的电性与 q 相反）

答：在 q 和 $4q$ 连线上距离 q 为 $\frac{l}{3}$ 处放置一个电性相反、电量为 $\frac{4}{9}q$ 的电荷，三电荷可达到受力平衡。

8–6　α 粒子的质量 m 为 6.68×10^{-27}kg，它的电荷 $q = 3.20 \times 10^{-19}$C。两个 α 粒子间的静电斥力与万有引力（$G = 6.67 \times 10^{-11}$N·m^2·kg^{-2}）的比值是多少？

解：由库仑定律求静电力　　　　$F_e = k\dfrac{q^2}{r^2}$，

由万有引力定律有　　　　　　　$F_g = G\dfrac{m^2}{r^2}$

则　　　$\dfrac{F_e}{F_g} = \dfrac{kq^2}{Gm^2} = \dfrac{9.0 \times 10^9 \times 3.20^2 \times 10^{-38}}{6.67 \times 10^{-11} \times 6.68^2 \times 10^{-54}} = 3.31 \times 10^{35}$

8–7　一平行平板电容器被一电源充电后，即将电源断开，然后将一厚度为两极板间距一半的金属板放在两极板之间。试问下述各量如何变化？（1）电容；（2）极板上的电荷；（3）极板间的电势差；（4）极板间的场强；（5）电场的能量。

答：设平行板电容器两极板面积都是 S，间距为 d，无电介质，一极板带电量为 Q，这时的电容为 $C = \varepsilon_0 \dfrac{S}{d}$、电势差为 $U = \dfrac{Q}{C} = \dfrac{Qd}{\varepsilon_0 S}$。

（1）此时，平行板电容器电容 C' 可等效为两个电容器 C_1 与 C_2 的串联电容

$$C_1 = \frac{\varepsilon_0 S}{x}, \ C_2 = \frac{\varepsilon_0 S}{\frac{1}{2}d - x}$$

因为　　　$\dfrac{1}{C'} = \dfrac{1}{C_1} + \dfrac{1}{C_2} = \dfrac{d}{2\varepsilon_0 S}$

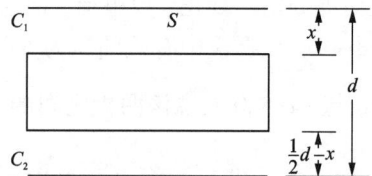

习题 8–7 图

所以 $C' = \dfrac{2\varepsilon_0 S}{d} = 2C$，电容是原来的 2 倍。

（2）极板上的电荷量 Q 不变。

（3）$U' = \dfrac{Q}{C'} = \dfrac{Q}{2C} = \dfrac{U}{2}$，极板间的电势差为原来的一半。

（4）极板间场强为 $E = \dfrac{Q}{S\varepsilon_0}$，不变。

(5) $W' = \dfrac{1}{2} \dfrac{Q^2}{C'} = \dfrac{1}{2} \dfrac{Q^2}{2C} = \dfrac{1}{2} W$，电场的能量减小一半。

8 – 8 如习题 8 – 8 图所示，两条平行的无限长均匀带电直线，相距为 a，密度分别为 $\pm\lambda$，求：(1)这两条线构成的平面上任一点 P 的场强；(2)这两条线单位长度上所受的力。

解：(1)根据点电荷电场强度公式 $E = \dfrac{\lambda}{2\pi\varepsilon_0 x}$ 可得

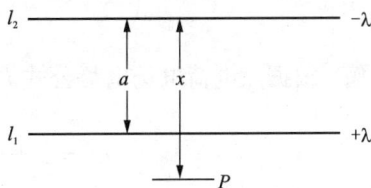

$$\begin{aligned} E_P &= E_1 + E_2 = \dfrac{-\lambda}{2\pi\varepsilon_0 x} + \dfrac{\lambda}{2\pi\varepsilon_0(x-a)} \\ &= \dfrac{\lambda a}{2\pi\varepsilon_0 x(x-a)} \end{aligned}$$

习题 8 – 8 图

(2)因 $F = Eq$，则单位长度受力为 $F_0 = E\lambda$，又 $E = \dfrac{\lambda}{2\pi\varepsilon_0 a}$，所以 $F_0 = \dfrac{\lambda^2}{2\pi\varepsilon_0 a}$。

8 – 9 一半径为 R 的带电球体，其电荷是球对称分布。其电荷体密度分布为：$\rho = k/r$（$\rho > 0$，$r \leq R$）；$\rho = 0$（$r > R$）。试求：(1)电场强度分布；(2)电势分布，并画出 U – r 曲线。

解：(1)由于电荷分布的球对称性，因此场强分布也具有球对称性，且场强方向为径向方向，由高斯定律 $\Phi_E = \oiint_S \vec{E} \cdot d\vec{S} = \dfrac{1}{\varepsilon_0} \sum\limits_{i=1}^{k} q_i$ 可得 $E \cdot 4\pi r^2 = \dfrac{\sum\limits_{i=1}^{k} q_i}{\varepsilon_0}$，则 $E = \dfrac{\sum\limits_{i=1}^{k} q_i}{4\pi\varepsilon_0 r^2}$

当场点在球外（$r > R$），面内包围的总电荷量为 $\int_0^R \dfrac{k}{r} 4\pi r^2 dr = 2\pi k R^2$，则有

$$E = \dfrac{2\pi k R^2}{4\pi\varepsilon_0 r^2} = \dfrac{kR^2}{2\varepsilon_0 r^2}$$

当场点在球内（$r < R$），面内包围的总电荷量为 $\int_0^r \dfrac{k}{r} 4\pi r^2 dr = 2\pi k r^2$，则有 $E = \dfrac{2\pi k r^2}{4\pi\varepsilon_0 r^2} = \dfrac{k}{2\varepsilon_0}$，为匀强电场。

(2)已知场强，根据定义求电势：当场点 P 在球外（$r > R$）

$$U_P = \int_P^\infty E\cos\theta dl = \int_P^\infty \dfrac{kR^2}{2\varepsilon_0 r^2} dr = \dfrac{kR^2}{2\varepsilon_0 r}$$

当场点 P 在球外（$r < R$）

$$\begin{aligned} U_P &= \int_P^\infty E\cos\theta dl \\ &= \int_r^R \dfrac{k}{2\varepsilon_0} dr + \int_R^\infty \dfrac{kR^2}{2\varepsilon_0 r^2} dr \\ &= \dfrac{k}{2\varepsilon_0}(R-r) + \dfrac{R^2}{2\varepsilon_0 R} \\ &= \dfrac{k}{\varepsilon_0} R - \dfrac{k}{2\varepsilon_0} r \end{aligned}$$

电势分布曲线如习题 8 – 9 图所示。

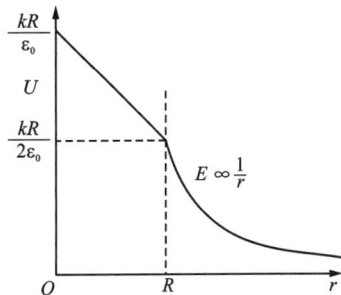

习题 8 – 9 图

8-10 如习题8-10图所示，在 A、B 两点处有电量分别为 $+q$、$-q$ 的点电荷，$AB=2l$，现将另一正试验点电荷 q_0 从 AB 连线的中点 O 点经半圆弧路径 OCD 移到 D 点，求移动过程中电场力所做的功。

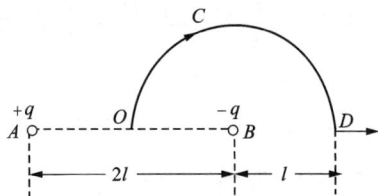

习题 8-10 图

解： 根据点电荷电场电势公式 $U = \dfrac{q}{4\pi\varepsilon_0 r}$ 可得

$$U_0 = \frac{q}{4\pi\varepsilon_0 l} + \frac{-q}{4\pi\varepsilon_0 l} = 0$$

$$U_D = \frac{q}{4\pi\varepsilon_0 \times 3l} + \frac{-q}{4\pi\varepsilon_0 l} = \frac{-q}{6\pi\varepsilon_0 l}$$

$$A = W_{OD} = q_0 \cdot U_{OD} = q_0 \cdot \left(0 - \frac{-q}{6\pi\varepsilon_0 l}\right) = \frac{q}{6\pi\varepsilon_0 l}$$

8-11 试证明在距离电偶极子中心等距离对称之三点上，其电势的代数和为零。

证明：设距离电偶极子中心等距离对称之三点为 A、B、C，它们距电偶极子距离为 r，与电偶极矩 $\vec{P}$ 的夹角分别为 θ_1、θ_2、θ_3，且 $\theta_2 = \theta_1 + 120°$、$\theta_3 = \theta_1 + 240°$。

因为 $U = k\dfrac{P\cos\theta}{r^2}$，所以有 $U_A = k\dfrac{P\cos\theta_1}{r^2}$、$U_B = k\dfrac{P\cos\theta_2}{r^2}$、$U_C = k\dfrac{P\cos\theta_3}{r^2}$，则

$$U_A + U_B + U_C = k\frac{P}{r^2}[\cos\theta_1 + \cos\theta_2 + \cos\theta_3]$$

$$= k\frac{P}{r^2}[\cos\theta_1 + \cos(\theta_1 + 120°) + \cos(\theta_1 + 240°)]$$

由于 $\cos(\theta_1 + 120°) + \cos(\theta_1 + 240°) = 2\cos(\theta_1 + 180°)\cos(-60°) = -\cos\theta_1$

则 $$U_A + U_B + U_C = k\frac{P}{r^2}[\cos\theta_1 - \cos\theta_1] = 0$$

8-12 两个同心薄金属球壳，半径分别为 R_1 和 $R_2(R_2 > R_1)$，若分别带上电量为 q_1 和 q_2 的电荷，则两者的电势分别为 U_1 和 U_2（选无穷远处为电势零点）。现用导线将两球壳相连接，求它们的电势。

解： 由带电体球壳的电势公式 $U = \dfrac{q}{4\pi\varepsilon_0 r}$ 和电势叠加原理，先可求出

$$U_2 = \frac{q_2}{4\pi\varepsilon_0 R_2} + \frac{q_1}{4\pi\varepsilon_0 R_2} = \frac{q_1 + q_2}{4\pi\varepsilon_0 R_2}$$

$$U_1 = \frac{q_1}{4\pi\varepsilon_0 R_1} + \frac{q_2}{4\pi\varepsilon_0 R_2}$$

当用导线连接两球壳后，q_1、q_2 全部对称分布在外球壳，则两球壳电势为

$$U'_2 = \frac{q_1 + q_2}{4\pi\varepsilon_0 R_2} = U_2$$

8-13 在真空中有一无限长均匀带电圆柱体，半径为 R，体电荷密度为 $+\rho$；另有一与其轴线平行的无限大均匀带电平面，面电荷密度为 $+\sigma$。今有 A、B 两点分别距圆柱体轴线为

a 与 $b(a < R、b > R)$，且在过此轴线的带电平面的垂直面内。试求 A、B 两点的电势差 $U_A - U_B$。（忽略带电圆柱体与带电平面的相互影响）

解： 空间的场强 $\vec{E}$ 是由带电圆柱体 $\vec{E}_{column}$ 与带电平面的场强 $\vec{E}_{surface}$ 叠加而成。

因为带电平面可知其场强为 $E_{surface} = \dfrac{\sigma}{2\varepsilon_0}$，方向由 B 点指向 A 点，且垂直于平面；现来求带电圆柱体的场强 $\vec{E}_{column}$。作以 r 为半径、l 为高、与圆柱体同轴的封闭原柱面为高斯面，则有

$$\Phi_E = \oiint_S EdS\cos\theta = \oiint_{S_{column}} EdS\cos\theta + \oiint_{S_{bottom}} 2EdS\cos 90° = E2\pi rl$$

当 $r < R$ 时，$\sum q_i = \pi r^2 l\rho$，则有 $E_{in} = \dfrac{\rho}{2\varepsilon_0}r$，方向沿径向指向外；

当 $r > R$ 时，$\sum q_i = \pi R^2 l\rho$，则有 $E_{out} = \dfrac{R^2\rho}{2\varepsilon_0 r}$，方向沿径向指向外。

$$U_A - U_B = \int_A^B \vec{E} \cdot d\vec{l} = \int_A^B (\vec{E}_{column} - E_{surface})\cos\theta dr$$

$$= \int_a^R (E_{in} - E_{surface})dr + \int_R^b (E_{out} - E_{surface})dr$$

$$= \int_a^R \left(\frac{\rho}{2\varepsilon_0}r - \frac{\sigma}{2\varepsilon_0}\right)dr + \int_R^b \left(\frac{R^2\rho}{2\varepsilon_0 r} - \frac{\sigma}{2\varepsilon_0}\right)dr$$

$$= \frac{1}{2\varepsilon_0}\left[\frac{\rho}{2}(R^2 - a^2) + \rho R^2\ln\frac{b}{R} - \sigma(b - a)\right]$$

答：A、B 两点间的电势差等于 $\dfrac{1}{2\varepsilon_0}\left[\dfrac{\rho}{2}(R^2 - a^2) + \rho R^2\ln\dfrac{b}{R} - \sigma(b - a)\right]$。

8 – 14　如习题 8 – 14 图所示，一"无限大"平面，中部有一半径为 R 的圆孔，设平面上均匀带电，电荷密度为 σ，试求通过小孔中心 O 并与平面垂直的直线上各点的场强和电势（选 O 点的电势为零）。

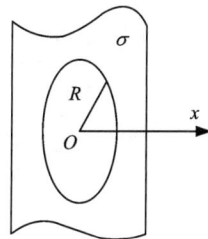

解： 当 $r > R$ 时，"无限大"平面看成一道道圆环构成，圆环半径为 r，电量为 $dq = \sigma 2\pi r dr$，它在所求的场点产生场强大小为

$$dE = \frac{xdq}{4\pi\varepsilon_0 (r^2 + x^2)^{\frac{3}{2}}}$$

习题 8 – 14 图

方向沿 x 轴方向。

则"无限大"平面在场点总场强大小为

$$E = \int_R^\infty \frac{xdq}{4\pi\varepsilon_0 (r^2 + x^2)^{\frac{3}{2}}} = \int_R^\infty \frac{x\sigma 2\pi r}{4\pi\varepsilon_0 (r^2 + x^2)^{\frac{3}{2}}}dr = \frac{x\sigma}{2\varepsilon_0 (R^2 + x^2)^{\frac{1}{2}}}$$

方向沿 x 轴方向。

$$U = \int_x^0 \frac{x\sigma}{2\varepsilon_0 (R^2 + x^2)^{\frac{1}{2}}}dx = \frac{\sigma}{2\varepsilon_0}(R - \sqrt{R^2 + x^2})$$

可见，当 $\sigma > 0$ 时，$\vec{E}$ 沿 $+x$ 方向，$U < 0$；当 $\sigma < 0$ 时，$\vec{E}$ 沿 $-x$ 方向，$U > 0$。

注意：本题不能选 $U_\infty = 0$，因为函数 $\sqrt{R^2 + x^2}$ 在 ∞ 远处发散。

8 – 15　一个电偶极子的 $l = 0.02\text{m}$，$q = 1.0 \times 10^{-6}\text{C}$，把它放在 $1.0 \times 10^5 \text{N} \times \text{C}^{-1}$ 的均匀电场中，其轴线与电场成30°角。求外电场作用于该偶极子的库仑力与力矩。

解：因 $F = Eq$，则 $\sum F = F_1 - F_2 = (q_+ - q_-)E = 0$

$$M = F_1 l\sin\alpha = Eql\sin\alpha$$

$$= 1 \times 10^{-6} \times 1 \times 10^5 \times 2 \times 10^{-2} \times \sin 30° = 1 \times 10^{-3}(\text{N} \cdot \text{m})$$

答：均匀电场作用于该电偶极子的库仑力为零；力矩为 $1 \times 10^{-3}\text{N} \cdot \text{m}$，并使其转向电场方向。

8 – 16　如习题 8 – 16 图所示是一个典型的线性电四极子。它由两个相同的电偶极子组成，当偶极子的电矩为 $\vec{p} = q\vec{l}$，这两个电偶极子在一直线上、其方向相反，且两负电荷重合在一起。试求：（1）此电四极子轴

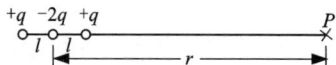

习题 8 – 16 图

线的延长线上离其中心为 $r(r \gg l)$ 处的电势；（2）证明该点场强为 $E = \dfrac{3Q}{4\pi\varepsilon_0 r^2}$，式中 $Q = 2ql^2$ 称为此电荷分布的电四极矩。

解：（1）电场电势是四个点电荷电势的叠加，则

$$U = \frac{q}{4\pi\varepsilon_0\,(r+l)} + \frac{q}{4\pi\varepsilon_0\,(r-l)} + \frac{-2q}{4\pi\varepsilon_0 r}$$

$$= \frac{2rq}{4\pi\varepsilon_0\,(r^2 - l^2)} + \frac{-2q}{4\pi\varepsilon_0 r}$$

$$= \frac{2ql^2}{4\pi\varepsilon_0 r\,(r^2 - l^2)} = \frac{2ql^2}{4\pi\varepsilon_0 r^3}(\text{当 } r \gg l \text{ 时})$$

（2）证明：$E = \dfrac{q}{4\pi\varepsilon_0\,(r+l)^2} + \dfrac{q}{4\pi\varepsilon_0\,(r-l)^2} + \dfrac{-2q}{4\pi\varepsilon_0 r^2}$

$$= \frac{2q}{4\pi\varepsilon_0}\,\frac{3r^2 l^2 + l^4}{r^2\,(r^2 - l^2)^2} = \frac{2q}{4\pi\varepsilon_0}\,\frac{3l^2\left(1 + \dfrac{l^2}{3r^2}\right)}{r^4\left(1 - \dfrac{l^2}{r^2}\right)^2}$$

当 $r \gg l$ 时，则 $E = \dfrac{2q}{4\pi\varepsilon_0}\,\dfrac{3l^2}{r^4}$。

8 – 17　如习题 8 – 17 图所示，平行板电容器的极板面积为 S，间距为 d。将电容器接在电源上，插入 $\dfrac{d}{2}$ 厚的均匀电介质板，其相对电容率为 ε_r。试问电容器介质内外场强之比是多少？它们和未插入介质之前的场强之比又各是多少？

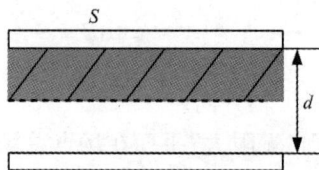

习题 8 – 17 图

解：因电介质内、外的电场是同样的场源电荷产生的，则

$$E_{\text{in}} = \frac{1}{\varepsilon_r}E_{\text{out}}; \quad \frac{E_{\text{in}}}{E_{\text{out}}} = \frac{1}{\varepsilon_r} \tag{1}$$

又因为因电介质插入电容器后，电容器两极板间的电压不变，则

$$E_{\text{in}} \cdot \frac{d}{2} + E_{\text{out}} \cdot \frac{d}{2} = E_0 \cdot d \tag{2}$$

由(1)、(2)式可得

$$\frac{E_{\text{in}}}{E_0} = \frac{2}{1+\varepsilon_r} ; \quad \frac{E_{\text{out}}}{E_0} = \frac{2\varepsilon_r}{1+\varepsilon_r}$$

答：电容器介质内外场强之比是 $\dfrac{1}{\varepsilon_r}$；电介质内、外与未插入介质之前的场强之比分别是 $\dfrac{2}{1+\varepsilon_r}$ 与 $\dfrac{2\varepsilon_r}{1+\varepsilon_r}$。

8－18　两个同心导体球壳，其间充满相对介电常数为 ε_r 的各向同性均匀电介质，外球壳以外为真空，内球壳半径为 R_1，带电量 Q_1；外球壳内、外半径分别 R_2 和 R_3，带电量为 Q_2。(1)求整个空间的电场强度 $\vec{E}$ 的表达式，并定性画出场强大小的径向分布曲线；(2)求电介质中电场能量 W_e 的表达式。

解：(1)由球形电场场强公式 $\vec{E}_2 = \dfrac{Q}{4\pi\varepsilon_0\varepsilon_r r^3}\vec{r}$ 和电场叠加原理，可知场强的表达式为

$$\vec{E}_1 = 0, \ (r < R_1) ; \quad \vec{E}_2 = \frac{Q_1}{4\pi\varepsilon_0\varepsilon_r r^3}\vec{r}, \ (R_1 < r < R_2)$$

$$\vec{E}_3 = 0, \ (R_2 < r < R_3) ; \quad \vec{E}_4 = \frac{Q_1+Q_2}{4\pi\varepsilon_0 r^3}\vec{r}\ (r > R_3)$$

(2)电场能量密度 $w_e = \dfrac{1}{2}\varepsilon E_2^{\ 2} = \dfrac{Q_1^2}{32\pi^2\varepsilon_0\varepsilon_r r^4}$

$$W_e = \int_V w_e \mathrm{d}V = \int_{R_1}^{R_2} \frac{Q_1^2}{32\pi^2\varepsilon_0\varepsilon_r r^4} \cdot 4\pi r^2 \mathrm{d}r = \frac{Q_1^2}{8\pi\varepsilon_0\varepsilon_r}\left(\frac{1}{R_1} - \frac{1}{R_2}\right)$$

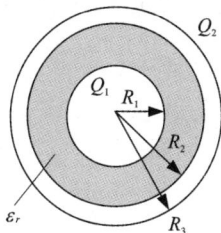

习题 8－18 图

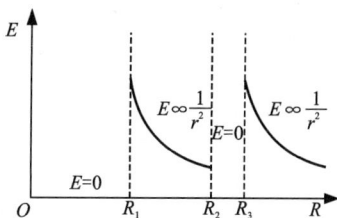

习题 8－18a 图

五、自测题

8－1　在一个大金属块中有一半径为 3cm 的球形空腔，在球形空腔中心有一个点电荷 $q = 1.0 \times 10^{-7}$ C，则空腔半径的中点 a 处的场强为 _____，空腔外部金属块中一 b 点处的场强为 _____。

8－2　相距为 l 的点电荷 $+q$ 和点电荷 $-q$ 连线的中点的电势为 _____，该两点电荷系统的电势能为 _____。

8-3　一点电荷置于球形高斯面的中心处，下列哪种情况下穿过高斯面的电通量发生变化？_____

A. 此高斯面被一个与它相切的正方体表面所代替

B. 若正电荷离开中心，但仍在球面内

C. 有另一个电荷置于球内

D. 有另一个电荷离球面很近，置于球面外

8-4　两个正电电荷，带电量相等，若其中一个电荷绕另一个做圆周运动。在两电荷连线中点上的电场强度和电势的情况为_____。

A. 电场强度变化而电势不变

B. 电场强度不变而电势变

C. 电场强度和电势均不变

D. 电场强度和电势均改变

8-5　平行板电容器极板间是均匀电场，此电场中下列哪种说法是错误的：_____。

A. 各点的电势相等

B. 各点的电势梯度相等

C. 各处电场能量密度相等

D. 匀速拉两极板增大其间距，电场中的能量增大了

8-6　真空中，半径为 R_1 的导体球外套一个内、外半径为 R_2、R_3 的导体球壳，当内球带电量为 $+Q$、球壳不带电时，求：

（1）此系统所储存的能量；

（2）如果用导线将球和球壳连在一起，系统的能量将怎样变化？

8-7　两共轴无限长圆筒，半径分别为 R_1、R_2，圆筒面均匀带电，单位长度上的电量分别为 λ_1、λ_2，求两筒间电势差。

8-8　地球和电离层可当做球形电容器，它们之间相距为 100km。试计算地球-电离层系统的电容。（设地球与电离层之间为真空。）

第九章　稳恒磁场

一、基本要求

1. 掌握磁场中的毕奥－萨伐尔定律、高斯定理、安培环路定理、磁场对电流的作用。
2. 理解磁感应强度、霍尔效应、介质中的磁场。
3. 了解磁场的生物效应。

二、本章提要

1. 磁感应强度和磁能量

$$B = \frac{F_m}{qv} \quad [\text{单位：特斯拉}(\mathrm{T})]$$

$$\Phi_m = \iint_S \vec{B} \cdot \mathrm{d}\vec{S} \quad [\text{单位：韦伯}(\mathrm{Wb})]$$

2. 磁场中的高斯定理

$$\oiint_s \vec{B} \cdot \mathrm{d}\vec{S} = 0$$

3. 毕奥－萨伐尔定律

$$\mathrm{d}\vec{B} = \frac{\mu_0}{4\pi} \frac{I\mathrm{d}\vec{l} \times \vec{e_r}}{r^2}$$

（1）载流长直导线的磁场

$$B = \frac{\mu_0 I}{4\pi a}(\cos\alpha_1 - \cos\alpha_2)$$

对于"无限长"载流直导线　　$B = \dfrac{\mu_0 I}{2\pi a}$

（2）圆环电流在其轴线上的磁场

$$B = \frac{\mu_0 I R^2}{2\left(R^2 + x^2\right)^{3/2}}$$

对于环心处　　　　$B_0 = \dfrac{\mu_0 I}{2R}$

（3）直螺线管电流的磁场

$$B = \frac{\mu_0}{2}nI(\cos\beta_2 - \cos\beta_1)$$

若螺线管为无限长　　　　$B = \mu_0 nI$

4. 真空中的安培环路定理

$$\oint_L \vec{B} \cdot \mathrm{d}\vec{l} = \mu_0 \sum_{L内} I_i$$

在真空稳恒磁场中，磁感应强度 $\vec{B}$ 沿任一闭合曲线的线积分（$\vec{B}$ 的环流）等于此闭合曲线所包围电流代数和的 μ_0 倍。其中电流的正、负与 $\mathrm{d}\vec{l}$ 绕行闭合曲线的方向有关，如果电流 I 的流向与 $\mathrm{d}\vec{l}$ 的绕行方向成右手螺旋关系，则 I 为正；反之 I 为负。

5. 洛仑兹力

$$\vec{F} = q\vec{v} \times \vec{B}$$

6. 磁场对电流的作用

$$\mathrm{d}\vec{F} = I\mathrm{d}\vec{l} \times \vec{B} \qquad \vec{F} = \int_L \mathrm{d}\vec{F} = \int_L I\mathrm{d}\vec{l} \times \vec{B}$$

7. 霍耳效应

将一块导电板放在磁场中，磁场的方向垂直于导电板任意两个平面，当其上通有与磁场垂直的电流时，则在与 $\vec{B}$、I 都垂直的两侧面间产生一电势差，称这种现象为霍耳效应，这电势差称为霍耳电势差。

$$U_1 - U_2 = R_H \frac{IB}{d}$$

$R_H = \dfrac{1}{nq}$ 称为霍耳系数。

8. 磁场对载流线圈的磁力矩

磁矩 $$\vec{P}_m = NIS\,\vec{n}$$

磁力矩 $$\vec{M} = \vec{P}_m \times \vec{B}$$

9. 磁介质

$$\mu_r = \frac{B}{B_0}$$

式中 μ_r 称为磁介质的相对磁导率，它是一个没有量纲的纯数。真空中，$\mu_r = 1$。

顺磁质：$B > B_0$，$\mu_r > 1$，即加强了原磁场；

抗磁质：$B < B_0$，$\mu_r < 1$，即削弱了原磁场；

铁磁质：$B' \gg B_0$，$\mu_r \gg 1$，且 μ_r 是随 B_0 变化的变数，习惯上也称之为强磁质。

三、典型例题

例 9 - 1　一根载有电流 I 的导线由三部分组成，AB 部分为 1/4 的圆周，圆心为 O，半径为 a，导线其余部分伸向无限远处，求 O 点的磁感应强度。

解： 1/4 圆周与两直线在 O 点产生的磁感应强度的方向均相同，都是垂直纸面向外。

圆弧形电流产生的磁感应强度为

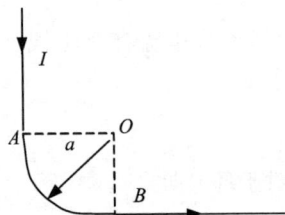

例 9 - 1 图

$$B_1 = \frac{1}{4} \cdot \frac{\mu_0 I}{2a}$$

直线电流产生的磁感应强度为

$$B_2 = B_3 = \frac{\mu I}{4\pi a}(\sin\alpha_2 - \sin\alpha_1)$$

$$= \frac{\mu_0 I}{4\pi a}(\sin 90° - \sin 0°) = \frac{\mu_0 I}{4\pi a}$$

则 O 点的场强为

$$B = B_1 + B_2 + B_3 = \frac{\mu_0 I}{4\pi a} \times 2 + \frac{1}{4} \cdot \frac{\mu_0 I}{2a} = \frac{\mu_0 I}{2\pi a}(1 + \frac{\pi}{4})$$

答：O 点的磁感应强度为 $\frac{\mu_0 I}{2\pi a}(1 + \frac{\pi}{4})$。

例 9 - 2　电缆由一导体圆柱和同轴的导体圆筒构成，使用时，电流 I 从一导体流去，从另一导体流回。电流都是均匀地分布在横截面上，设圆柱的半径为 r_1，圆筒的内外半径分别为 r_2 和 r_3，如图所示，r 为到轴线的垂直距离，求 r 从零到大于 r_3 的范围内磁感应强度 $\vec{B}$ 的大小。

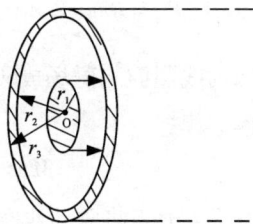

例 9 - 2 图

解：电流所产生的磁感应强度呈轴对称分布，$\vec{B}$ 线是横截面上圆心在系统轴线上的圆周，同一条 $\vec{B}$ 线上 $\vec{B}$ 的值相等，故满足安培环路求 $\vec{B}$ 的条件。

以轴线为圆心，取一半径为 r 的圆环路，规定与导体圆柱的电流成右手螺旋关系的方向为环路的绕行方向，由安培环路定理有

$$\oint_l \vec{B} \cdot \mathrm{d}\vec{l} = B \cdot 2\pi r = \mu_0 \sum I$$

(1) $r < r_1$

$$\sum I = \frac{I}{\pi r_1^2} \cdot \pi r^2 = \frac{Ir^2}{r_1^2}$$

则

$$B \cdot 2\pi r = \mu_0 \frac{Ir^2}{r_1^2}$$

所以

$$B = \frac{\mu_0 Ir}{2\pi r_1^2}$$

(2) $r_1 < r < r_2$，同理：$\sum I = I$，则

$$B = \frac{\mu_0 I}{2\pi r}$$

(3) $r_2 < r < r_3$

$$\sum I = I - \frac{I}{\pi(r_3^2 - r_2^2)} \cdot \pi(r^2 - r_2^2) = \frac{I(r_3^2 - r^2)}{r_3^2 - r_2^2}$$

所以

$$B = \frac{\mu_0 I}{2\pi r} \frac{r_3^2 - r^2}{r_3^2 - r_2^2}$$

(4) $r > r_3$

$$\sum I = 0，则 B = 0$$

例 9 – 3 一线圈由半径为 0.2m 的 1/4 圆弧和相互垂直上的两直线组成，通有电流 2A，把它放在磁感应强度为 0.5T 的均匀磁场中（磁感应强度的方向如图所示），求：（1）线圈平面与磁场垂直时，圆弧所受的磁力；（2）线圈平面与磁场成60°角时，线圈所受的磁力矩。

解：（1）在均匀磁场中，通电圆弧所受的磁力与通有相同电流的直线 AB 所受的磁力相等，故

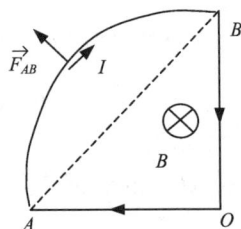

$$F_{AB} = I\sqrt{2}RB = 2 \times \sqrt{2} \times 0.2 \times 0.5 = 0.283(\text{N})$$

方向如图所示，与 AB 直线垂直，与 OB 成夹角45°。

（2）线圈的磁矩为

$$\vec{P}_m = I\vec{S}n = 2 \times \pi \times 0.2^2 \times \frac{1}{4}\vec{n} = 2\pi \times 10^{-2}\vec{n}$$

例 9 – 3 图

因为线圈面与磁场成60°角，则 $\vec{P}_m$ 与 $\vec{B}$ 成30°角，则线圈所受的磁力矩

$$|\vec{M}| = |\vec{P}_m \times \vec{B}| = P_m B \sin 30° = 1.57 \times 10^{-2}(\text{N} \cdot \text{m})$$

方向：力矩将驱动线圈法线转到与 $\vec{B}$ 平行。

四、思考题与习题解答

9 – 1 如图示为相互垂直的两个电流元，它们之间的相互作用力是否等值、反向？

答：根据毕奥－萨伐尔定律可知，电流元 $Id\vec{l}_1$ 在电流元 $Id\vec{l}_2$ 处的磁感应强度为零，则 $Id\vec{l}_2$ 受力为零；而电流元 $Id\vec{l}_2$ 在电流元 $Id\vec{l}_1$ 处的磁感应强度为 $dB = \dfrac{\mu_0}{4\pi}\dfrac{Idl_2}{r^2}$（式中 r 是两电流元的距离），方向垂直纸平面外指，则 $Id\vec{l}_1$ 受力大小为 $dF = \dfrac{\mu_0}{4\pi}\dfrac{Idl_2 Idl_1}{r^2}$，方向在纸平面内向下指。所以，该两个电流元之间的相互作用力不等值、反向。

9 – 2 电流分布如图所示，图中有三个环路1、2 和 3，磁感应强度沿其中每一个环路的线积分为多少？（环路的绕行方向从上往下看为逆时针方向）

解：因为已设环路的绕行方向从上往下看为逆时针方向，再根据穿过闭合环路电流的流向与环路的绕行方向成右手螺旋关系来确定电流的正负，可得 $\oint_{L_1}\vec{B}\cdot d\vec{l} = \mu_0(I_1 + I_2)$；$\oint_{L_2}\vec{B}\cdot d\vec{l} = 2\mu_0 I_2$；$\oint_{L_3}\vec{B}\cdot d\vec{l} = 2\mu_0 I_1$。

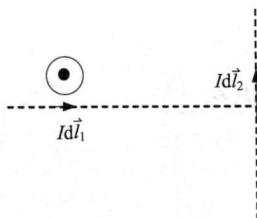

习题 9 – 1 图

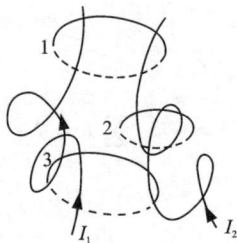

习题 9 – 2 图

9-3 安培环路定理 $\oint \vec{B} \cdot d\vec{l} = \mu_0 I$ 中的磁感应强度 $\vec{B}$，是否只是穿过闭合回路内的电流激发的?它与环路外面的电流有无关系?计算时考虑了没有?表现在什么地方?

答: $\oint \vec{B} \cdot d\vec{l} = \mu_0 I$ 中闭合曲线上任一点的 $\vec{B}$ 是由空间所有电流决定的，由闭合曲线内外的电流共同激发的磁场，即 $\vec{B}$ 是环路内外的电流激发的磁场的叠加。计算环路积分时，是包括了内外电流的磁场的环路积分 $\oint \vec{B} \cdot d\vec{l} = \oint \vec{B}_内 \cdot d\vec{l} + \oint \vec{B}_外 \cdot d\vec{l}$，因为在整个环路上外电流磁场的积分等于零，所以 $\oint \vec{B} \cdot d\vec{l} = \oint \vec{B}_内 \cdot d\vec{l} = \mu_0 I$，即 $\vec{B}$ 的环流仅与闭合曲线内所围的电流有关，与闭合曲线外的电流无关。

9-4 在均匀磁场中放置两个面积相等的而且通过相同电流的线圈，一个是三角形，另一个是矩形。问两者所受到的最大磁力矩是否相同? 磁力的合力是否相同?

答: 因为在均匀磁场中，任意形状闭合载流线圈受磁场的合力为零，所以，在同一个均匀磁场中放置的通有相同电流的线圈不管是三角形还是矩形所受磁力的合力都是零。

线圈的磁矩为 $\vec{P}_m = I\vec{S}n$，磁力矩的矢量式为 $\vec{M} = \vec{P} \times \vec{B}$，因为此两个线圈的面积、电流相等，所以所受的最大磁力矩相同。

9-5 通过一条绝缘长直导线的电流强度为0.2A，求距离导线10cm处的磁感应强度是多少特斯拉? 方向如何? 如果把该长直导线在中点处对折并绕在一起，其周围磁场如何?

解: 没对折时的磁感应强度大小为

$$B = \frac{\mu_0 I}{2\pi r} = \frac{4\pi \times 10^{-7} \times 0.2}{2\pi \times 0.1} = 4 \times 10^{-7}(T)$$

磁感应强度方向: 如习题9-5(a)图所示，垂直纸面向里。

当直导线对折时，如习题9-5(b)图所示，右边半导线的电流在 P 点产生的磁场垂直纸面向里，左边半导线的电流在 P 点产生的磁场垂直纸面向外，两者大

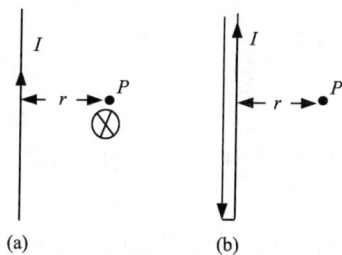

习题9-5图

小相等、方向相反，则 P 点磁场为零。所以，当把该长直导线在中点处对折并绕在一起，其周围磁场为零。

9-6 一根长直导线上通有100A的电流，把它放在0.005T的匀强外磁场中，并使导线与外磁场正交，试求合磁场为零的点至导线的距离。

解: 设 P 点处合磁场为0。在该处载流导线产生的磁感应强度的大小与外磁场相同、方向相反。设 P 至导线的距离为 r，由 $B = \frac{\mu_0 I}{2\pi r}$ 可得

$$r = \frac{\mu_0 I}{2\pi B} = \frac{4\pi \times 10^{-7} \times 100}{2\pi \times 0.005} = 4 \times 10^{-3}(m)$$

答: 合磁场为零的点至导线的距离 $r = 4 \times 10^{-3}$m。

9-7 把一个厚度为1.0mm的铜片放在 $B = 1.5$T 的匀强磁场中，磁场垂直通过铜片，如果铜片载有200A的电流，问铜片上、下两侧的霍尔电势有多大? (已知铜的电子密度为 $n = 8.4 \times 10^{28}$个/m³)。

解： $U = \dfrac{IB}{nqd} = \dfrac{200 \times 1.5}{8.4 \times 10^{28} \times 1.6 \times 10^{-19} \times 10^{-3}} = 2.2 \times 10^{-5}(\text{V})$

答： 铜片上、下两侧的霍尔电势有 $2.2 \times 10^{-5}\text{V}$。

9-8　求各图中 O 点的磁感应强度 $\vec{B}$ 的大小和方向。

解： 左图：因为 O 点在水平方向半无限长载流直导线的延长线上，此导线电流对 O 点处的磁感应强度无贡献，所以 O

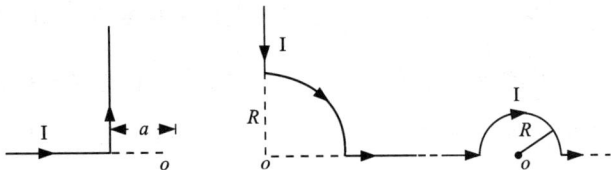

习题 9-8 图

点处磁场就是竖直方向的半无限长载流直导线所产生，即大小 $B_1 = \dfrac{\mu_0 I}{4\pi a}$，方向是垂直纸面向里。

中间图：因为两部分长直线载流直导线的延长线过 O 点，故它们对 O 点处的磁感应强度无贡献，所以 O 点处磁场就是 1/4 圆弧电流长载流直导线所产生，即大小 $B_2 = \dfrac{\mu_0 I}{8R}$，方向是垂直纸面向里。

右图：因为两部分长直线载流直导线的延长线过 O 点，故它们对 O 点处的磁感应强度无贡献，所以 O 点处磁场就是 1/2 圆弧电流长载流直导线所产生，即大小 $B_3 = \dfrac{\mu_0 I}{4R}$，方向是垂直纸面向里。

$$B_1 = \frac{\mu_0 I}{4\pi a} \qquad\qquad B_2 = \frac{\mu_0 I}{8R} \qquad\qquad B_3 = \frac{\mu_0 I}{4R}$$

9-9　两根导线被引到金属三角形 ABC 的 A、C 点上，电流方向如图所示，求三角形中心处的磁感应强度。

解： O 点处的磁感应强度应是直导线 1、2 及三角形导线在 O 点的 $\vec{B}$ 的矢量和，导线 1 在 O 点处的 $B_1 = 0$，三角形导线 ABC 在 O 点处的 $B_2 = 0$

因为　　　　　　　$\vec{B}_2 = \vec{B}_{AB} + \vec{B}_{BC} + \vec{B}_{AC}$

$\vec{B}_{AB}$ 与 $\vec{B}_{BC}$ 的方向为 $\odot$，$\vec{B}_{AC}$ 的方向为 $\otimes$。

又因为　$U_{ABC} = U_{AC}$，　所以，$I_{ABC} \cdot R_{ABC} = I_{AC} \cdot R_{AC}$

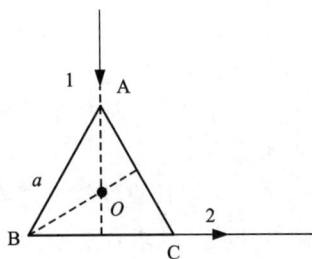

习题 9-9 图

即：$\dfrac{I_{ABC}}{I_{AC}} = \dfrac{R_{AC}}{R_{ABC}} = \dfrac{\rho \dfrac{l_{AC}}{s}}{\rho \dfrac{l_{ABC}}{s}} = \dfrac{l_{AC}}{l_{ABC}} = \dfrac{1}{2}$

$$B_{AB} = B_{BC} = \frac{\mu_0 I_{ABC}}{4\pi d}(\sin 60° + \sin 60°) = \frac{\mu_0 I_{ABC}}{4\pi d} \qquad B_{AC} = \frac{\mu_0 I_{AC}}{4\pi d} \quad 所以，\quad B_{ABC} = 2B_{AB} - B_{AC} = 0$$

$$B_0 = B_3 = \frac{\mu_0 I}{4\pi d}\left(\sin\frac{\pi}{2} - \sin\frac{\pi}{3}\right) = \frac{\mu_0 I}{4\pi \dfrac{a}{2}\tan 30°}\left(1 - \frac{\sqrt{3}}{2}\right) = \frac{(2\sqrt{3} - 3)}{4\pi a}\mu_0 I$$

方向：垂直纸面向外⊙。

9-10　如图所示，一根无限长的直长铜导线，轴线方向均匀通有电流 I，在导线内部做一平面 S，试计算通过每米导线内 S 平面的磁通量。

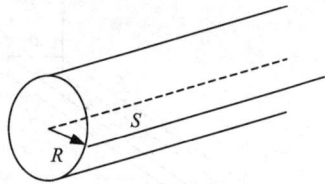

解：由于无限长圆柱体导线内部的磁感应强度 $\vec{B}$ 的大小为

$$B = \frac{\mu_0}{2\pi} \frac{Ir}{R^2}$$

r 是场点离开轴线的距离。

将每米导线内 S 面沿轴线方向分割宽度很小的条形面积 $dS = 1 \times dr$，通过 dS 的磁通量为

$$d\Phi = Bdr = \frac{\mu_0}{2\pi} \frac{Ir}{R^2} dr$$

则

$$\Phi = \int_S Bdr = \int_0^R \frac{\mu_0}{2\pi} \frac{Ir}{R^2} dr = \frac{\mu_0}{4\pi} \frac{Ir}{R^2}\bigg|_0^R = \frac{\mu_0 I}{4\pi}$$

答：通过每米导线内 S 平面的磁通量为 $\frac{\mu_0 I}{4\pi}$。

9-11　电荷 q 均匀地分布在半径为 R 的圆环上，这环以匀角速度 ω 绕它的几何轴旋转。试求：(1)轴线上离环心为 x 处的磁感应强度 $\vec{B}$；(2)磁矩。

解：(1)圆环上电荷所产生的运流电流为 $I = q \cdot \dfrac{\omega}{2\pi}$

在轴线上任一点所产生的磁场为 $B = \dfrac{\mu_0 IR^2}{2(x^2 + R^2)^{3/2}} = \dfrac{\mu_0 qR^2 \omega}{4\pi(x^2 + R^2)^{3/2}}$

方向：与圆环绕行方向成右手系，与 $\vec{\omega}$ 同向。

(2)由磁矩定义　$\vec{P}_m = IS\vec{n}$　　所以　$P_m = \dfrac{q \cdot \omega}{2\pi} \cdot \pi R^2 = \dfrac{1}{2} q\omega R^2$

方向：与 $\vec{\omega}$ 同向。

9-12　一块半导体样品的体积为 $a \times b \times c$，如图所示。沿 x 方向有电流 I，在 z 方向加有均匀磁场 $\vec{B}$。这时实验得出数据为 $a = 0.10\text{cm}$，$I = 1.0\text{mA}$，$B = 3 \times 10^{-1}\text{T}$，薄片两侧的电势差 $U_{AB} = 6.55\text{mV}$。(1)问这半导体是正电荷导电(P 型)还是负电荷导电(N 型)？(2)设两个载流子的电荷量为 $q = 1.60 \times 10^{-19}\text{C}$，求载流子浓度(即单位体积内参加导电的带电粒子数)。

解：(1)因为　$U_A > U_B$　所以，应为 N 型半导体

(2)由 $U_H = IB/nqa$

得：$n = \dfrac{IB}{qa \cdot U_{AB}} = \dfrac{1.0 \times 10^{-3} \times 3 \times 10^{-1}}{1.6 \times 10^{-19} \times 0.1 \times 10^{-2} \times 6.55 \times 10^{-3}} = 2.86 \times 10^{20}$（个/$\text{m}^3$）

9-13　如图，一正离子的电量为 $q = 3.2 \times 10^{-19}\text{C}$，经 $U = 5.0 \times 10^6\text{V}$ 的高压加速后由小孔 S 射入磁感应强度 $B = 0.5\text{T}$ 的匀强磁场中，沿半圆周运动后打在 P 点，测得 P 点与小孔 S 的距离 $l = 0.03\text{m}$，试求该离子的质量。

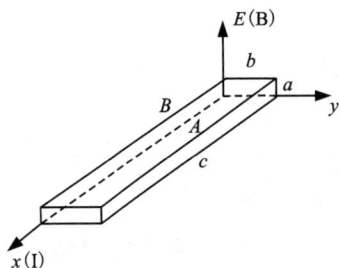

习题 9 – 12 图

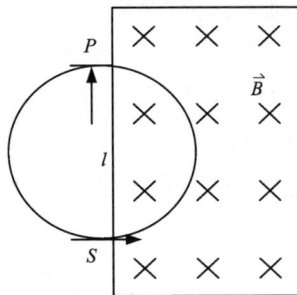

习题 9 – 13 图

解：设正离子进入磁场的速度大小 v，在磁场所受的力只改变它的运动方向，则有

$$Bqv = m\frac{v^2}{R} = 2m\frac{v^2}{l}$$

解得

$$v = \frac{Bql}{2m} \tag{1}$$

正离子进入磁场的动能为

$$qU = \frac{1}{2}mv^2 \tag{2}$$

将(1)代入(2)，得

$$m = \frac{B^2ql^2}{8U} = \frac{(0.5)^2 \times 3.2 \times 10^{-19} \times (0.03)^2}{8 \times 5.0 \times 10^6} = 1.8 \times 10^{-30}(\text{kg})$$

答：该离子的质量为 1.8×10^{-30} kg。

9 – 14　一根长直导线载有电流为 I_1，一长方形回路和它在同一平面内，载有电流为 I_2，回路长为 a，宽为 b，靠近导线的一边距导线的距离为 c，如图所示。求直导线电流的磁场作用在这回路上的合力。

解：长直导线在空间所产生的磁感应强度为

$$B = \frac{\mu_0 I}{2\pi r}$$

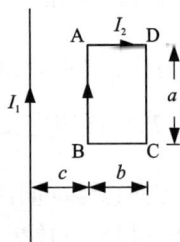

习题 9 – 14 图

长直导线右边纸面内的磁场方向是垂直纸面向里的。

矩形上下边所受安培力大小相等，方向相反，且作用在同一直线，故相互抵消。

矩形左边受力：$f_{AB} = I_2 a \cdot B_1 = I_2 \cdot a \cdot \frac{\mu_0 I_1}{2\pi c}$

方向：垂直 AB 指向直导线。

矩形右边受力：$f_{CD} = I_2 aB_2 = \frac{\mu_0 I_1 I_2 a}{2\pi(c+b)}$

方向：垂直 CD 远离直导线。

则直导线电流的磁场作用在这回路上的合力为

$$f = f_{ab} - f_{cd} = \frac{\mu_0 I_1 I_2 a}{2\pi}\left(\frac{1}{c} - \frac{1}{c+b}\right) = \frac{\mu_0 I_1 I_2 ab}{2\pi(b+c)c}$$

9 – 15　两个圆线圈分别载有电流 I_1 和 I_2，它们的半径分别为 R_1 和 R_2，线圈 2 的直径在线圈 1 的轴线上，两圆心相距为 l，如图所示。当 $L \gg R_1$、R_2 时，求 I_1 作用在线圈 2 上的力矩。

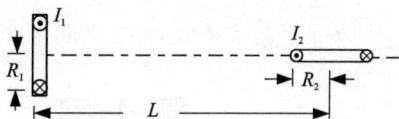

习题 9 – 15

解：线圈 2 在线圈 1 的轴线上，I_1 所产生的 $\vec{B}$

为：$B = \dfrac{\mu_0 I_1 R_1^2}{2\,(R_1^2 + L^2)^{3/2}}$

方向：沿轴线向右。

$L \gg R_1$、R_2，故可认为 B 是均匀的。

由磁力矩定义：$\vec{M} = \vec{P}_m \times \vec{B}$

$P_{m_2} = I_2 \pi R_2^2$　方向：垂直 I_1 轴线向上

所以，$M = P_m B = I_2 \pi R_2^2 \dfrac{\mu_0 I_1 R_1^2}{2\,(R_1^2 + L^2)^{3/2}} = \dfrac{\mu_0 I_1 I_2 \pi R_1^2 R_2^2}{2L^3}$，方向：$\otimes$。

五、自测题

9 – 1　如图所示，圆心在两直线的连线上。总电流 I 分成两个相等的分电流时，圆心处的磁感应强度是_____。

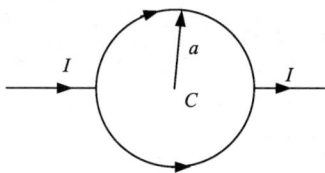

自测题 9 – 1 图

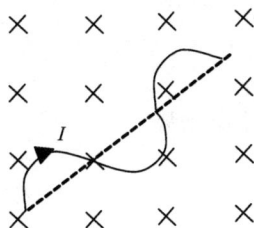

自测题 9 – 2 图

9 – 2　如图所示，一条由三个半径为 R 的半圆弧组成的载流导线位于均匀磁场中，磁场 $\vec{B}$ 垂直于导线所在的平面，通过导线的电流为 I，则导线所受的安培力是_____。

9 – 3　空间某一区域有均匀电场 $\vec{E}$ 和均匀磁场 $\vec{B}$，$\vec{E}$ 和 $\vec{B}$ 同方向。一电子(质量为 m、电量为 $-e$)以初速度 $\vec{v}$ 在场中开始运动，$\vec{v}$ 与 $\vec{E}$ 的夹角为 α，求电子的加速度大小，并指出电子的运动轨迹。

9 – 4　将半径为 R 的无限长导体薄壁管(厚度忽略)沿轴向割去一宽度为 $h(h \ll R)$ 的无限长狭缝后，再沿轴向均匀地流有电流，其面电流密度为 i，求管轴线上磁感应强度的大小。

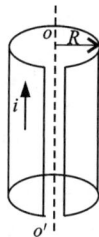

自测题 9 – 4 图

第十章　电磁感应与电磁波

一、基本要求

1. 掌握法拉第电磁感应定律、动生电动势、感生电动势、自感和互感、磁场的能量。
2. 理解感生电场、位移电流、麦克斯韦方程组。
3. 了解电磁振荡、电磁波、电磁波谱。
4. 了解生物电阻抗。

二、本章提要

1. 法拉第电磁感应定律

$$\varepsilon_i = -\frac{\mathrm{d}\varPhi_m}{\mathrm{d}t}$$

2. 动生电动势和感生电动势
（1）动生电动势

$$\varepsilon_i = \int (\vec{v} \times \vec{B}) \cdot \mathrm{d}\vec{l}$$

（2）感生电动势

$$\varepsilon_i = \oint_L \vec{E}_感 \cdot \mathrm{d}\vec{l} = -\iint_S \frac{\partial \vec{B}}{\partial t} \cdot \mathrm{d}\vec{S}$$

（3）全电场的环路定理：一般地，空间中静电场和感生电场并存，总电场（也称全电场）是二者的矢量叠加 $\vec{E} = \vec{E}_静 + \vec{E}_感$。式

$$\oint_L \vec{E} \cdot \mathrm{d}\vec{l} = -\iint_S \frac{\partial \vec{B}}{\partial t} \cdot \mathrm{d}\vec{S}$$

是静电场的环路定理在非稳恒磁场下的推广。

3. 自感和互感
（1）自感电动势

$$\varepsilon_L = -L\frac{\mathrm{d}I}{\mathrm{d}t}$$

L 为线圈的自感系数，简称自感。
（2）互感电动势

$$\varepsilon_{12} = -M_{12}\frac{\mathrm{d}I_1}{\mathrm{d}t} \qquad \varepsilon_{21} = -M_{21}\frac{\mathrm{d}I_2}{\mathrm{d}t}$$

$$M_{12} = M_{21} = M$$

M 为两线圈的互感系数，简称互感。

（3）通电线圈的自感磁能

$$W_m = \frac{1}{2}LI^2$$

4. 磁场中的能量

能量密度

$$w = \frac{W}{V} = \frac{1}{2}\frac{B^2}{\mu} = \frac{1}{2}\mu H^2 = \frac{1}{2}BH$$

磁场能量

$$W_m = \int_V w_m \mathrm{d}V = \frac{1}{2\mu}\int_V (B^2)\,\mathrm{d}V = \frac{\mu}{2}\int_V (H^2)\,\mathrm{d}V = \frac{1}{2}\int_V (BH)\,\mathrm{d}V$$

5. 位移电流

$$I_d = \frac{\mathrm{d}\Phi_D}{\mathrm{d}t} = \iint_S \frac{\mathrm{d}\vec{D}}{\mathrm{d}t}\cdot\mathrm{d}\vec{S}$$

6. 麦克斯韦方程组

（1）有介质存在时静电场的高斯定理

$$\oiint_S \vec{D}\cdot\mathrm{d}\vec{S} = \sum_{S内} q$$

（2）磁场中的高斯定理

$$\oiint_S \vec{B}\cdot\mathrm{d}\vec{S} = 0$$

（3）全电场的环路定理

$$\oint_L \vec{E}\cdot\mathrm{d}\vec{l} = -\iint_S \frac{\partial\vec{B}}{\partial t}\cdot\mathrm{d}\vec{S}$$

（4）磁场中的安培环路定理

$$\oint_L \vec{H}\cdot\mathrm{d}\vec{l} = I_0 + \iint_S \frac{\partial\vec{D}}{\partial t}\cdot\mathrm{d}\vec{S}$$

（5）各向同性介质的补充关系

$$\vec{D} = \varepsilon\vec{E},\ \vec{B} = \mu\vec{H}, \vec{J} = \sigma\vec{E}$$

7. 电磁波的性质

（1）电磁波的频率与波源的振荡频率相同。

（2）电磁波在真空中以光速传播；电磁波在介质中的速度为 $u = \dfrac{1}{\sqrt{\varepsilon\mu}}$。

（3）电磁波为横被。

三、典型例题

例 10 - 1　一根条形磁铁在空中自由下落，中途穿过一闭合金属环，则它在环的上方、下方的加速度的值大于还是小于重力加速度？

答：当条形磁铁下落、还在金属环上方时，引起穿过金属环中磁通量增大变化，根据楞次定律，从而在环中产生逆时针（从上面往下看）流的感生电流，此感生电流产生的磁场总是要反抗磁通量的变化，使条形磁铁在金属环中磁通量增大变化的速度减慢，故使磁铁下落的加速度减小，则有 $a < g$。

　　当条形磁铁下落到金属环下方时，则引起穿过金属环中磁通量减小变化，根据楞次定律，从而在环中产生顺时针（从上面往下看）流的感生电流，此感生电流产生的磁场总是要反抗磁通量的变化，使条形磁铁在金属环中磁通量减小变化的速度减慢，故使磁铁下落的加速度减小，则也有 $a < g$。

　　例 10 - 2　如图，长为 b、宽为 a 的矩形线圈 $ABCD$ 与无限长直载流导线共面，且线圈的长边平行于长直导线，线圈以速度 v 向右平移，t 时刻其 AD 边距离长直导线为 x；且长直导线中的电流按 $I = I_0\cos\omega t$ 规律随时间变化，如图所示。(1)求回路中的电动势；(2)若长直导线中之电流为恒定电流、方向向上，矩形线圈的电阻按线圈的长度均匀分布，求线圈上 A、D 两点间的电势差 U_{AD}。

　　解：(1)t 时刻穿过矩形回路的磁通量为：

$$\varphi_m = \int B\,\mathrm{d}s = \int\frac{\mu_0 I}{2\pi r}b\,\mathrm{d}r = \int_x^{x+a}\frac{\mu_0 I_0 b\cos\omega t}{2\pi r}\,\mathrm{d}r = \frac{\mu_0 I_0}{2\pi}b\cos\omega t\ln\frac{x+a}{x}$$

$$\varepsilon_{ABCD} = -\frac{d\varphi_m}{dt} = -\frac{\mu_0 I_0}{2\pi}b\Big[-\omega\sin\omega t\ln\frac{x+a}{x} - \frac{a\cos\omega t}{(x+a)x}\frac{\mathrm{d}x}{\mathrm{d}t}\Big]$$

$$= \frac{\mu_0 I_0 b}{2\pi}\Big[\omega\sin\omega t\ln\frac{x+a}{x} + \frac{av\cos\omega t}{x(x+a)}\Big] \quad （\text{以顺时针方向为参考正方向}）$$

　　(2)在(1)中令 $\omega = 0$，即得到恒定电流 I_0 时回路中的电动势：

$$\varepsilon_{ABCD} = \frac{\mu_0 I_0 abv}{2\pi x(x+a)}$$

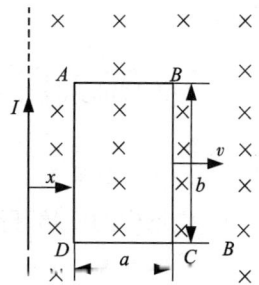

例 10 - 2 图

设线圈中单位长度的电阻为 R_0，则回路中电流为：

$$I = \frac{\varepsilon_{ABCD}}{2(a+b)R_0} = \frac{\mu_0 I_0 abv}{4\pi R_0(a+b)x(x+a)}（\text{顺时针方向}）$$

此时 DA 边中的动生电动势为：$\varepsilon_{DA} = B(x)vb = \dfrac{\mu_0 I_0 vb}{2\pi x}$

A、D 两点电势差为：

$$U_{AD} = \varepsilon_{DA} - IR_{AD} = \frac{\mu_0 I_0 vb}{2\pi x} - \frac{\mu_0 I_0 ab^2 v}{4\pi(a+b)x(x+a)} = \frac{\mu_0 I_0 vb}{4\pi(a+b)}\Big[\frac{2a+b}{x} + \frac{b}{x+a}\Big]$$

　　例 10 - 3　一个通电长螺线管，单位长度上线圈的匝数为 n，若电流按 $i = kt$（k 是常数）随时间增加，求：(1)时刻 t 时螺线管内的磁感应强度；(2)螺线管中的电场强度。

　　解：(1)长螺线管内的磁感应强度为

$$B = \mu_0 ni = \mu_0 nkt$$

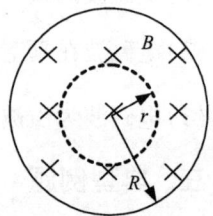

例 10 - 3 图

$\vec{B}$ 的方向在轴向方向上，与电流流向成右旋关系。

　　(2)涡旋电场的求解类似于利用安培环路定理求电流的磁场分布。如图所示，作一个圆心在轴线、半径为 r 的圆形回路，对此回路有

$$\oint_L \vec{E}\cdot\mathrm{d}\vec{l} = -\frac{\mathrm{d}\Phi_m}{\mathrm{d}t} = -\iint_S\frac{\partial\vec{B}}{\partial t}\cdot\mathrm{d}\vec{S}$$

Φ_m 是通过回路所包含面积的磁通量，由于感生电场是轴对称性，在螺线管内有

$$2\pi rE = -\frac{\mathrm{d}\varPhi_m}{\mathrm{d}t} = -\pi r^2 \cdot \frac{\partial B}{\partial t} = -\pi r^2 \mu_0 nk$$

即

$$E = -\mu_0 nkr/2$$

式中 r 是螺线管中某点到轴的距离、负号则表示 $\vec{E}$ 的方向与 $\frac{\partial B}{\partial t}$ 成左旋关系。可见，在螺线管内，感生电场随 r 的增加而增加。

四、思考题与习题

10 - 1　怎样理解电磁感应定律 $\varepsilon_i = -\frac{\mathrm{d}\varPhi_m}{\mathrm{d}t}$ 中负号的意义？如何根据负号来确定感应电动势的方向？

答：式中的负号表示感应电动势的方向与磁通量变化率之间的关系。感应电动势的方向可以这样来确定：先按右手螺旋法则确定回路所包围面积的法线正方向 $\vec{n}$ 与磁感应强度 $\vec{B}$ 的方向一致，即设定导体回路的绕行方向，之后可以计算出通过回路所包围面积的磁通量 $\varPhi_m$ 及相应的变化率，于是：如果 $\frac{\mathrm{d}\varPhi_m}{\mathrm{d}t}>0$，则 $\varepsilon_i <0$，表示感应电动势的方向与回路的绕行正方向相反；如果 $\frac{\mathrm{d}\varPhi_m}{\mathrm{d}t}<0$，则 $\varepsilon_i >0$，表示感应电动势的方向与回路的绕行正方向相同。这与楞次定律是一致的，即闭合回路中感应电流的方向，总是使感应电流的磁场去阻碍引起感应电流的磁通量的变化。

10 - 2　比较静电场与感生电场的相同与不同点。

答：相同点：两种电场对电荷都有作用力，都有能量。

不同点：第一，静电场是无旋场，满足 $\oint_L \vec{E} \cdot \mathrm{d}\vec{l} = 0$，是有势场，其电场线始于正电荷，止于负电荷；而感生电场是有旋电场，其电场线是闭合曲线，满足 $\oint_L \vec{E}_感 \cdot \mathrm{d}\vec{l} = -\iint_S \frac{\partial \vec{B}}{\partial t} \cdot \mathrm{d}\vec{S}$，只要有磁场的变化，在周围就会产生有旋电场。第二，静电场为有源场，满足 $\oiint_S \vec{E} \cdot \mathrm{d}\vec{S} = \sum_{S内} q/\varepsilon_0$；而感生电场，其电场线是闭合曲线，满足 $\oiint_S \vec{E} \cdot \mathrm{d}\vec{S} = 0$。

10 - 3　什么是位移电流？什么是全电流？试比较传导电流与位移电流的异同之处。

答：通过电场中任意面积电场的变化称为位移电流，它等于通过该面积电位移通量的时间变化率。位移电流 I_d、传导电流 I_0 统称为全电流，通过某面积的全电流强度等于通过该面积的位移电流强度与传导电流强度(含运流电流)的代数和。

位移电流和传导电流相同的是都可以激发磁场。不同的是：传导电流是电荷的定向运动，而真空中的位移电流是电场的变化；传导电流通过导体时放出焦耳热，在真空中的位移电流没有热效应，在电介质中位移电流也会产生热效应，但是不服从焦耳定律。

10 - 4　磁能的两种表达式 $W_m = \frac{1}{2}LI^2$ 和 $W_m = \frac{1}{2}\frac{B^2}{\mu}V$ 的物理意义有何不同？

答：式 $W_m = \dfrac{1}{2}LI^2$ 表明磁场能量的携带者为电流；式 $W_m = \dfrac{1}{2}\dfrac{B^2}{\mu}V$ 表明磁场能量的携带者为磁场。在稳恒情况下，电流和磁场是相伴相随的，即有电流就会有磁场，有磁场也必存在电流，所以两者是等价的。但在非稳恒的情况下，磁场可以脱离电流而独立存在，所以式 $W_m = \dfrac{1}{2}\dfrac{B^2}{\mu}V$ 具有普遍意义。

10-5   麦克斯韦方程组包括哪几个电磁场的基本定理？并指出各方程的物理意义。

答：麦克斯韦方程组包括 4 个电磁场的基本定理。

(1)有介质存在时静电场的高斯定理

$$\oiint_S \vec{D} \cdot \mathrm{d}\vec{S} = \sum_{S內} q$$

该式说明静电场对任意封闭曲面的电位移通量仅取决于包围在封闭曲面内自由电荷的代数和，与曲面外的电荷无关。它反映了静电场为有源场，电场线由正电荷发出，终止于负电荷。

(2)磁场中的高斯定理

$$\oiint_S \vec{B} \cdot \mathrm{d}\vec{S} = 0$$

该式指出了无论是传导电流还是变化的电场所激发的磁场，磁感应线都是闭合的，即在任何磁场中，通过任意闭合曲面的磁通量恒为零。

(3)全电场的环路定理

$$\oint_L \vec{E} \cdot \mathrm{d}\vec{l} = -\iint_S \dfrac{\partial \vec{B}}{\partial t} \cdot \mathrm{d}\vec{S}$$

该式揭示出当磁场随时间变化时，也会激发电场。反映了变化的磁场和其所激发的电场之间的关系：在任何电场中，电场强度沿任意闭合回路的线积分等于通过该曲线所包含面积的磁通量对时间变化率的负值。

(4)磁场中的安培环路定理

$$\oint_L \vec{H} \cdot \mathrm{d}\vec{l} = I_0 + \iint_S \dfrac{\partial \vec{D}}{\partial t} \cdot \mathrm{d}\vec{S}$$

该式反映了传导电流和变化的电场与它们所激发的磁场之间的内在联系，表明在任何磁场中磁场强度沿任意闭合环路的积分等于穿过该闭合环路的全电流。

10-6   一个中空、密绕的长直螺线管，直径为 1.0cm，长 10cm，共 1000 匝。求：当通以 1A 电流时，线圈中储存的磁场能量和磁场能量密度。

解：线圈的自感系数为

$$L = \mu_0 n^2 V = \mu_0 N^2 \dfrac{S}{l} = \mu_0 N^2 \dfrac{\pi d^2}{4l}$$

$$= \dfrac{\pi \mu_0}{4l}(Nd)^2 = \dfrac{\pi \times 4\pi \times 10^{-7}}{4 \times 0.1} \times (10^3 \times 10^{-2})^2$$

$$= 9.87 \times 10^{-4}\,(\mathrm{H})$$

螺线管中储存的能量为

$$W_m = \dfrac{1}{2}LI^2 = \dfrac{1}{2} \times 9.87 \times 10^{-4} \times 1^2 = 4.93 \times 10^{-4}\,(\mathrm{J})$$

磁场能量密度为

$$w_m = \frac{W_m}{V} = \frac{W_m \times 4}{\pi d^2 l} = \frac{4.93 \times 10^{-4} \times 4}{\pi \times 10^{-4} \times 10^{-1}} = 62.8(\text{J} \cdot \text{m}^{-3})$$

10-7　将一导线弯成半径为 $R = 5\text{cm}$ 的圆形环，当其中通有 $I = 40\text{A}$ 的电流时，环心处的磁场能量密度为多少？

解：环心处的磁感应强度为 $B = \dfrac{\mu_0 I}{2R}$

环心处的磁场能量密度为

$$w = \frac{1}{2}\frac{B^2}{\mu_0} = \frac{1}{2\mu_0} \cdot \left(\frac{\mu_0 I}{2R}\right)^2 = \frac{\mu_0 I^2}{8R^2}$$

$$= \frac{4\pi \times 10^{-7} \times 40^2}{8 \times (5 \times 10^{-2})^2} = 0.1(\text{J} \cdot \text{m}^{-3})$$

10-8　在时间间隔 $(0, t_0)$ 中，如图所示长直导线通以方向向上的变化电流 $I = kt$，k 为常量，$0 < t < 20$。在此导线近旁平行且共面地放一长方形线圈，长为 L，宽为 a，线圈的一边与导线相距为 d。设磁导率为 μ 的磁介质充满整个空间，求任一时刻线圈中的感应电动势。

解：长直导线产生的磁场分布为：

$B = \mu I / 2\pi x$，x 为点到长直导线的距离，通过线圈平面的磁通量为：

$$\varphi_m = \int B\text{d}s = \int_d^{a+d} \frac{\mu IL}{2\pi x}\text{d}x = \frac{\mu IL}{2\pi}\ln\frac{a+d}{d}$$

线圈中的感应电动势为：

$$\varepsilon = -\frac{\text{d}\varphi_m}{\text{d}t} = -\frac{\mu L}{2\pi}\ln\frac{a+d}{d}\frac{\text{d}I}{\text{d}t} = -\frac{\mu kL}{2\pi}\ln\frac{a+d}{d}\ (0 < t < 20\text{s})$$

ε 的方向为逆时针方向。

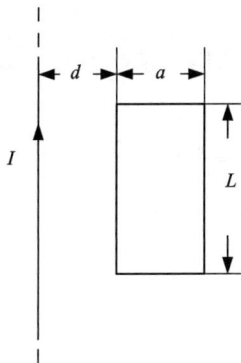

習題 10-8 图

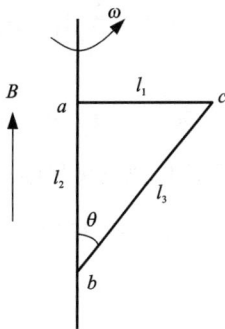

習題 10-9 图

10-9　如图所示，直角三角形导线框 abc 置于磁感应强度为 $\vec{B}$ 的均匀磁场中，以角速度 ω 绕 ab 边为轴转动，ab 边平行于 $\vec{B}$。求各边的动生电动势及回路 abc 中的总感应电动势。

解：ab 边没有切割磁力线，故 $\varepsilon_{ab} = 0$

$$\varepsilon_{ac} = \int_{ac} (\vec{v} \times \vec{B}) \cdot \text{d}\vec{l} = \int_{ac} vB\text{d}l = \int_0^{l_1} B\omega l\text{d}l = \frac{1}{2}B\omega l_1^2\,(\text{方向}：a \to c)$$

由于磁力线平行于导线框平面，通过 abc 回路的磁通量恒等于零，由法拉第电磁感应定律知：$\varepsilon_{abca} = 0$。

又由 $\varepsilon_{abca} = \varepsilon_{ab} + \varepsilon_{bc} + \varepsilon_{ca} = 0$

得 $\varepsilon_{ca} = -\varepsilon_{bc}$，$\varepsilon_{bc} = -\varepsilon_{ca} = \varepsilon_{ac} = \dfrac{1}{2}B\omega l_1^2$（方向：由 b 指向 c）

10-10　真空中，半径 $R = 0.10\mathrm{m}$ 的两块圆板构成一平板电容，如图所示。在电容器充电时，两极板间电场的变化率 $\dfrac{\mathrm{d}E}{\mathrm{d}t} = 1.0 \times 10^{13}\,\mathrm{V/(m \cdot s)}$。求：（1）两极板间的位移电流强度；（2）对电容器充电电流的电流强度。

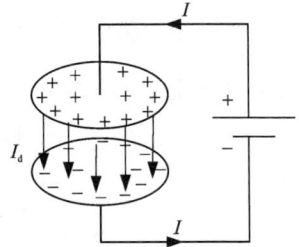

习题 10-10 图

解：两极板间为均匀电场，两极板间电位移通量：
$$\varphi_D = DS = D\pi R^2 = \pi R^2 \varepsilon_0 E$$

（1）$I_D = \dfrac{\mathrm{d}\varphi_D}{\mathrm{d}t} = \pi R^2 \varepsilon_0 \dfrac{\mathrm{d}E}{\mathrm{d}t} = 2.8(\mathrm{A})$

（2）由全电流的连续性知，导线中的充电电流和两板间的位移电流相等，$I = I_D = 2.8(\mathrm{A})$。

10-11　绕于磁导率为 μ 的环形铁芯上的两线圈，其匝数分别为 N_1、N_2，铁芯截面积为 S、周长为 L，如图所示。求两线圈之间的互感系数以及互感系数与自感系数之间的关系。

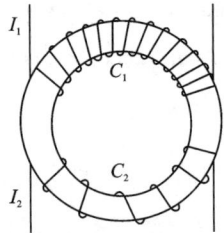

习题 10-11 图

解：设线圈 C_1 中有电流 I_1，细环内部近似为均匀磁场：
$$B_1 = \mu N_1 I_1 / L$$

此时穿过线圈 C_2 的互感磁通链为：
$$\Phi_{21} = N_2 \varphi_{21} = N_2 B_1 S = \mu N_1 N_2 I_1 S / L$$

$$M = \dfrac{\Phi_{21}}{I_1} = \mu N_1 N_2 S / L$$

由于电流 I_1 产生的磁力线全部通过了线圈 C_2，它们之间的耦合系数 $K = 1$，故有
$$M = \sqrt{L_1 L_2}$$

10-12　一无限长直导线，通有电流 I，若电流在其横截面上均匀分布，导线材料的磁导率为 μ，试证明每单位长度导线内所储存的磁能为 $W_m = \dfrac{\mu I^2}{16\pi}$。

证明：因为无限长直导线内磁感应强度分布为
$$B = \dfrac{\mu I r}{2\pi R^2}$$

则每单位长度导线内所储存的磁能为
$$W_m = \dfrac{W}{l} = \dfrac{1}{l} \times \dfrac{1}{2\mu}\int_V B^2 \mathrm{d}V = \dfrac{1}{2\mu}\int_0^R B^2 2\pi r \mathrm{d}r$$
$$= \dfrac{1}{2\mu}\int_0^R \left(\dfrac{\mu I r}{2\pi R^2}\right)^2 2\pi r \mathrm{d}r$$
$$= \dfrac{\mu I^2}{4\pi R^4}\int_0^R r^3 \mathrm{d}r = \dfrac{\mu I^2}{16\pi R^4}(R^4 - 0) = \dfrac{\mu I^2}{16\pi}$$

证毕。

10 – 13　一截面为长方形的螺绕环，共有 N 匝，环内充满磁导率为 μ 的磁介质，螺绕环内径为 R_1、外径为 R_2，厚度为 h。求此螺绕环的自感。

解：当螺绕环通有电流 I 时，由安培环路定理有

$$\oint_L \vec{H} \cdot \mathrm{d}\vec{l} = \sum I = NI$$

由于螺绕环对于中心轴线的对称性可得螺绕环内距中心轴线 r 处磁场强度处处相等，则有

$$H = \frac{IN}{2\pi r}, \ B = \mu H = \frac{\mu IN}{2\pi r}$$

通过螺绕环任一截面的磁通量为

$$\Phi = \oiint_S \vec{B} \cdot \mathrm{d}\vec{S} = \int_{R_1}^{R_2} Bh\mathrm{d}r = \frac{\mu NIh}{2\pi} \int_{R_1}^{R_2} \frac{1}{r}\mathrm{d}r = \frac{\mu NIh}{2\pi}\ln\frac{R_2}{R_1}$$

螺绕环的磁链

$$\Psi = N\Phi = \frac{\mu N^2 Ih}{2\pi}\ln\frac{R_2}{R_1}$$

由此则可得螺绕环的自感为

$$L = \frac{1}{I}\Psi = \frac{\mu N^2 h}{2\pi}\ln\frac{R_2}{R_1}$$

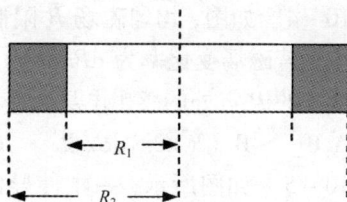

10 – 14　将一个半径为 $r = 10\text{cm}$ 的圆形回路放在均匀磁场中，磁场的磁感应强度为 $B = 0.80\text{T}$，方向垂直于回路平面，当回路的半径以恒定速率 $\dfrac{\mathrm{d}r}{\mathrm{d}t} = 80\text{cm/s}$ 缩短时，回路中的感应电动势有多大？

解：
$$\varphi_m = BS = B\pi r^2,$$
$$\varepsilon = -\frac{d\varphi_m}{dt} = -2\pi Br\frac{\mathrm{d}r}{\mathrm{d}t} = 2\times 3.14\times 0.8\times 0.1\times 0.8 = 0.4(\text{V})$$

答：回路中的感应电动势有 0.4V。

五、自测题

10 – 1　一无铁芯的长直螺线管，在保持其半径和总匝数不变的情况下，把螺线管拉长一些，则它的自感系数将_____。

10 – 2　试判断下列结论中是包含或等效于麦克斯韦方程组中哪一个方程？将对应的方程写在相应结论后。

（1）变化的磁场一定伴有电场：_____。

（2）磁感应线是无头无尾的：_____。

（3）电荷总伴有电场：_____。

10 – 3　对位移电流，下面说法正确的是_____。

A. 位移电流是变化的电场产生的

B. 位移电流是线性变化的磁场产生的

C. 位移电流的热效应服从焦耳 – 楞次定律

10－4　如图,均匀磁场 $\vec{B}$ 限制在半径为 R 的无限长圆柱形空腔内,若磁场变化率为 dB/dt 为正的常数,则圆柱形空间外距轴线为 r 的 P 点处的感生电场大小为_____。

A. 0　　　B. $(R^2/2r)dB/dt$　　　C. $(2/r)dB/dt$

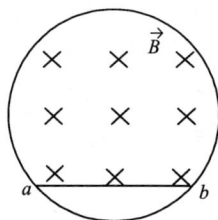

自测题 4 图

10－5　如图所示,一刚性导体回路处在 0.50T 的均匀磁场中,回路平面与磁场垂直,ab 段长 0.50m,拉动 ab,使其以 $v=4.0m/s$ 的速度向右匀速运动,回路中电阻值为 0.50Ω,不计摩擦阻力,求:

（1）求 ab 内的非静电场强;

（2）ab 内的动生电动势大小和方向;

（3）拉力所做的功率;

（4）作用在 ab 上拉力的大小。

10－6　一长直导线,通有电流 I,在它旁边放置一长为 b、宽为 a 的长方形,电阻为 R,当线圈绕 OO' 转过180°（OO'转过180°）时,则线圈中流过的感应电量共有多少?

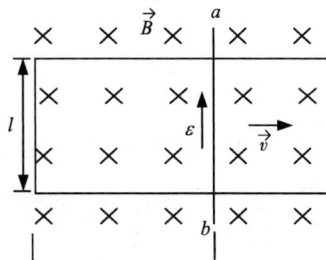

自测题 10－5 图

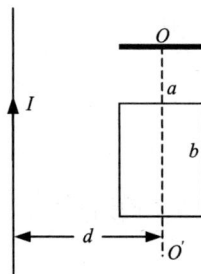

自测题 10－6 图

第十一章　狭义相对论

一、基本要求

1. 掌握狭义相对论的基本假设、洛仑兹变换。
2. 掌握狭义相对论的时空观：同时性的相对性、长度收缩、时间延缓等概念及相关公式。
3. 掌握狭义相对论的质速关系、质能关系。
4. 理解狭义相对论动力学方程，动能公式及动能和动量关系式。
5. 了解广义相对论的等效原理和广义相对性原理。

二、本章提要

1. 狭义相对论的两个基本原理

狭义相对性原理：物理定律在一切惯性中都具有相同的数学形式。

光速不变原理：在一切惯性系中，光在真空中的传播速率恒为 c。

2. 洛仑兹变换

坐标变换：$x' = \dfrac{x - ut}{\sqrt{1 - u^2/c^2}}$，$y' = y$，$z' = z$，$t' = \dfrac{t - ux/c^2}{\sqrt{1 - u^2/c^2}}$。

速度变换：$v'_x = \dfrac{v_x - u}{1 - v_x u/c^2}$，$v'_y = \dfrac{v_y \sqrt{1 - u^2/c^2}}{1 - v_x u/c^2}$，$v'_z = \dfrac{v_z \sqrt{1 - u^2/c^2}}{1 - v_x u/c^2}$。

3. 狭义相对论的时空观

同时性的相对性：在某一惯性系中不同地点同时发生的两件事在另一惯性系中看来是不同时发生的。

长度收缩：$\qquad\qquad\qquad l = l_0 \sqrt{1 - u^2/c^2}$（$l_0$ 为原长）。

时间膨胀：$\qquad\qquad\qquad \Delta t = \dfrac{\tau}{\sqrt{1 - u^2/c^2}}$（$\tau$ 为原时）。

4. 相对论质量和相对论动量：

相对论质量 $\qquad\qquad\qquad m = \dfrac{m_0}{\sqrt{1 - u^2/c^2}}$

相对论动量 $\qquad\qquad\qquad \vec{p} = m\vec{u} = \dfrac{m_0}{\sqrt{1 - u^2/c^2}} \vec{u}$

相对论动力学方程 $\vec{F} = \dfrac{\mathrm{d}\vec{p}}{\mathrm{d}t} = m\dfrac{\mathrm{d}\vec{u}}{\mathrm{d}t} + \vec{u}\dfrac{\mathrm{d}m}{\mathrm{d}t}$

5. 相对论中的能量

相对论动能：$\qquad\qquad\qquad E_k = mc^2 - m_0 c^2$

质能关系式：$\qquad E = mc^2$

静止能量：$\qquad E_0 = m_0 c^2$

质量亏损：$\qquad \Delta E_k = \Delta m_0 c^2$

质能守恒定律：$\qquad$ 对于孤立系统，$\sum (E_{ik} + m_{i0}c^2) = $ 恒量

相对论质量守恒定律：$\qquad$ 对于孤立系统，$\sum m_i = $ 恒量

6. 动量和能量关系：

$$E^2 = p^2 c^2 + m_0^2 c^4$$

7. 广义相对论的两个基本原理

等效原理：一个引力场与一个非惯性系等效。

广义相对性原理：物理学定律在所有的参考系中都是等价的。

三、典型例题

例 11 −1 惯性系 S' 相对另一惯性系 S 沿 x 轴做匀速直线运动，取两坐标原点重合时刻作为计时起点。在 S 系中测得两事件的时空坐标分别为 $x_1 = 6 \times 10^4$m，$t_1 = 2 \times 10^{-4}$s，以及 $x_2 = 12 \times 10^4$m，$t_2 = 1 \times 10^{-4}$s。已知在 S' 系中测得该两事件同时发生，试问：(1) S' 系相对 S 系的速度是多少？(2) S' 系中测得的两事件的空间间隔是多少？

解： 设 (S') 相对 S 的速度为 u。

(1) 由洛仑兹变换有 $\qquad t'_1 = \dfrac{t_1 - \dfrac{ux_1}{c^2}}{\sqrt{1 - u^2/c^2}}$

$$t'_2 = \dfrac{t_2 - \dfrac{ux_2}{c^2}}{\sqrt{1 - u^2/c^2}}$$

由题意 $\qquad t'_2 - t'_1 = 0$

则 $\qquad t_2 - t_1 = \dfrac{u}{c^2}(x_2 - x_1)$

故 $\qquad u = c^2 \dfrac{t_2 - t_1}{x_2 - x_1} = -\dfrac{c}{2} = -1.5 \times 10^8 (\text{m} \cdot \text{s}^{-1})$

式中负号表示 S' 系沿 S 系 X 轴负方向运动。

(2) 由洛仑兹变换和题意得

$$x'_2 - x'_1 = (x_2 - x_1)\sqrt{1 - u^2/c^2} = (12 \times 10^4 - 6 \times 10^4)\dfrac{\sqrt{3}}{2} = 5.2 \times 10^4 (\text{m})$$

例 11 −2 观测者甲乙分别静止于两个惯性参考系 S 和 S' 中，甲测得在同一地点发生的两事件的时间间隔为 4s，而乙测得这两个事件的时间间隔为 5s。求：

(1) S' 相对于 S 的运动速度。

(2) 乙测得这两个事件发生的地点间的距离。

解： 甲测得 $\Delta t = 4s$，$\Delta x = 0$，乙测得 $\Delta t' = 5s$，坐标差为 $\Delta x' = x'_2 - x'_1$。

（1）由时间膨胀效应得

$$\Delta t' = \frac{\Delta t}{\sqrt{1 - \left(\frac{u}{c}\right)^2}}$$

$$\sqrt{1 - \frac{u^2}{c^2}} = \frac{\Delta t}{\Delta t'} = \frac{4}{5}$$

解出

$$u = c\sqrt{1 - \left(\frac{\Delta t}{\Delta t'}\right)^2} = c\sqrt{1 - \left(\frac{4}{5}\right)^2} = \frac{3}{5}c$$

$$= 1.8 \times 10^8 (\mathrm{m \cdot s^{-1}})$$

（2）

$$\Delta x' = \frac{x_2 - x_1 - u(t_2 - t_1)}{\sqrt{1 - \frac{u^2}{c^2}}} = \frac{-1.8 \times 10^8 \times 4}{0.8} = -9 \times 10^8 (\mathrm{m})$$

负号表示 $x'_2 - x'_1 < 0$。

例 11 - 3 已知两个粒子 A、B 静止质量均为 m_0，若粒子 A 静止，粒子 B 以 $2m_0 c^2$ 的动能向 A 运动，碰撞后合成一粒子。假设碰撞过程无能量释放，求合成粒子的速度。

解：设合成粒子的质量、能量、速度、动量分别为 M、E、u、P，复合前 A、B 的能量分别为

$$E_A = m_0 c^2 \qquad E_B = m_0 c^2 + E_k = m_0 c^2 + 2m_0 c^2 = 3m_0 c^2$$

复合前 A、B 的动量分别为

$$P_A = 0 \qquad P_B = m_B u_B$$

又

$$m_B = \frac{E_B}{c^2} = 3m_0 = \frac{m_0}{\sqrt{1 - \frac{u_B^2}{c^2}}}$$

得

$$u_B = \frac{2\sqrt{2}}{3}c$$

由能量守恒定律，复合后粒子的总能量为

$$E = E_A + E_B = m_0 c^2 + 3m_0 c^2 = 4m_0 c^2$$

即复合后的总质量为 $\qquad M = 4m_0$

由动量守恒定律，复合后粒子的总动量为

$$P = P_A + P_B = 0 + m_B u_B = 3m_0 \cdot \frac{2\sqrt{2}c}{3} = 2\sqrt{2}m_0 c$$

又 $\qquad P = Mu$

所以合成粒子的速度为

$$u = \frac{P}{M} = \frac{2\sqrt{2}m_0 c}{4m_0} = \frac{\sqrt{2}}{2}c$$

四、思考题与习题解答

11 - 1 洛仑兹变换和伽利略变换的本质差别是什么？二者有何联系？

答：洛仑兹变换和伽利略变换的本质差别是，在洛仑兹变换下，空间坐标和时间坐标是

相互关联着的，对于以不同相对速度 u 运动的参考系中观察者来说，同一事件的空间尺度和时间尺度都不相同。而在伽利略变换下，空间坐标和时间坐标是互不关联的，时间、空间都是与运动无关的绝对量，t 和 t' 总是相等的。二者的联系是在低速情况下，即 $u \ll c$ 时，洛仑兹变换将过渡到伽利略变换，即伽利略变换是洛仑兹变换在低速情况下的近似。

11-2　前进中的一列火车的车头与车尾各遭到一次闪电轰击。据车内观察者测定这两次轰击是同时发生的。试问，据地面上的观察者测定它们是否仍然同时？如果不同时，何处先遭到轰击？

答：地面上的人看，不是同时发生的。这是因为同时性的相对性，在两个有相对运动的惯性系中，在一个惯性系中不同地点同时发生的两件事在另一惯性系中是不同时的。设火车为 S' 系，地面为 S 系，由洛仑兹变换可知 $t_2 - t_1 = \dfrac{t_2' - t_1' + u(x_2' - x_1')/c^2}{\sqrt{1 - u^2/c^2}} = \dfrac{u(x_2' - x_1')/c^2}{\sqrt{1 - u^2/c^2}} > 0$，故车尾 (x_1, t_1) 雷击在前，车头 (x_2, t_2) 雷击在后。

11-3　对某观察者来说，发生在某惯性系同一时刻、不同地点的两个事件，对于相对于该惯性系做匀速直线运动的其他惯性系的观察者来说，它们是否也同时发生？为什么？如果是同一时刻、同一地点呢？

答：对于相对于该惯性系做匀速直线运动的其他惯性系的观察者来说，它们不是同时发生的，因为同时性的相对性。因为 $t_2' = t_1'$，$x_2' \neq x_1'$，由洛仑兹变换可知 $t_2 - t_1 = \dfrac{t_2' - t_1' + u(x_2' - x_1')/c^2}{\sqrt{1 - u^2/c^2}} = \dfrac{u(x_2' - x_1')/c^2}{\sqrt{1 - u^2/c^2}} \neq 0$。如果是同一时刻、同一地点发生，它们是同时发生的。因为 $t_2' = t_1'$，$x_2' = x_1'$，由洛仑兹变换可得 $t_2 = t_1$。

11-4　设 S' 系相对 S 系的速度 $u = 0.6c$，在 S 系中事件 A 发生于 $x_A = 10 \text{m}$，$t_A = 5.0 \times 10^{-7} \text{s}$，$y_A = z_A = 0$；事件 B 发生在 $x_B = 50 \text{m}$，$t_B = 3.0 \times 10^{-7} \text{s}$，$y_B = z_B = 0$，求 S' 系中这两个事件的空间间隔与时间间隔。

解： 根据洛仑兹变换可得 S' 系中 A、B 两事件的空间间隔 $\Delta x' = \dfrac{\Delta x - u \Delta t}{\sqrt{1 - u^2/c^2}}$

其中 $\Delta x' = x_B' - x_A'$，$\Delta x = x_B - x_A$，$\Delta t = t_B - t_A$，将已知值代入可得

$$x_B' - x_A' = \frac{(x_B - x_A) - u(t_B - t_A)}{\sqrt{1 - u^2/c^2}} = \frac{(50 - 10) - (3.0 - 5.0) \times 10^{-7} \times 0.6c}{\sqrt{1 - 0.6^2}} = 95 (\text{m})$$

A、B 事件的时间间隔

$$\Delta t' = t_B' - t_A' = \frac{(t_B - t_A) - \dfrac{u}{c^2}(x_B - x_A)}{\sqrt{1 - u^2/c^2}} = \frac{(3.0 - 5.0) \times 10^{-7} - 0.6 \times (50 - 10)/3 \times 10^8}{\sqrt{1 - 0.6^2}}$$

$$= -3.5 \times 10^{-7} (\text{s})$$

11-5　设在 S 系中边长为 a 的正方形，在 S' 系中观测者测得是 $1:2$ 的长方形，试求 S' 系中相对于 S 系的运动速度。

解： 由题意可得，在 S' 系中 x' 轴方向的长度收缩为 $a' = \dfrac{a}{2}$，即

$$a' = a\sqrt{1 - u^2/c^2}, \quad \frac{a}{2} = a\sqrt{1 - u^2/c^2}$$

由上式得 $u = \dfrac{\sqrt{3}}{2}c = 0.866c$

即为 S' 系中相对于 S 系的运动速度。

11-6   长度 $l_0 = 1m$ 的米尺静止于 S' 系中, 与 x' 轴的夹角 $\theta' = 30°$, S' 系相对 S 系沿 x 轴运动, 在 S 系中观测者测得米尺与 x 轴夹角为 $\theta = 45°$。试求:(1)S' 系和 S 系的相对运动速度。(2)S 系中测得的米尺长度。

解:(1)米尺相对 S' 系静止, 它在 x'、y' 轴上的投影分别为:

$$L_x' = L_0\cos\theta' = 0.86(\text{m}), \quad L_y' = L_0\sin\theta' = 0.5(\text{m})$$

米尺相对 S 系沿 x 方向运动, 设速度为 u, 对 S 系中的观察者测得米尺在 x 方向收缩, 而 y 方向的长度不变, 即

$$L_x = L_x'\sqrt{1 - \frac{u^2}{c^2}}, L_y = L_y'$$

故

$$\tan\theta = \frac{L_y}{L_x} = \frac{L_y'}{L_x} = \frac{L_y'}{L_x'\sqrt{1 - \dfrac{u^2}{c^2}}}$$

把 $\theta = 45°$ 及 L_x'、L_y' 代入

则得

$$\sqrt{1 - \frac{u}{c^2}} = \frac{0.5}{0.866}$$

故

$$u = 0.816c$$

(2)在 S 系中测得米尺长度为 $L = \dfrac{L_y}{\sin 45°} = 0.707(\text{m})$

11-7   设物体相对 S' 系沿 x' 轴正向以 $0.8c$ 运动, 如果 S' 系相对 S 系沿 x 轴正向的速度也是 $0.8c$, 问物体相对 S 系的速度是多少。

解:由洛仑兹速度的逆变换可得

$$v_x = \frac{v_x' + u}{1 + \dfrac{uv_x'}{c^2}} = \frac{0.8c + 0.8c}{1 + \dfrac{0.8c \times 0.8c}{c^2}} = 0.976c$$

11-8   静长为 $100m$ 的宇宙飞船以 $0.6c$ 速度向右做直线飞行, 一流星从船头飞向船尾, 宇航员测得的时间间隔为 $1.2 \times 10^{-6}s$, 求:(1)地面上观测者测得的时间间隔;(2)在此时间内流星飞过的距离。

解:(1)设飞船为 S' 系, 地面为 S 系, 据洛仑兹变换, 地面上观测的时间间隔为

$$\Delta t = \frac{\Delta t' + u\Delta x'/c^2}{\sqrt{1 - u^2/c^2}} = \frac{1.2 \times 10^{-6} - 0.6 \times 100/3 \times 10^8}{\sqrt{1 - 0.6^2}} = 1.25 \times 10^{-6}(\text{s})$$

(2)地面上观测的空间间隔为

$$\Delta x = \frac{\Delta x' + u\Delta t'}{\sqrt{1 - u^2/c^2}} = \frac{-100 + 1.2 \times 10^{-6} \times 0.6c}{0.8} = 145(\text{m})$$

11-9   一个实验室中以 $0.8c$ 的速度运动的粒子, 飞行 $3m$ 后衰变。(1)按这实验室中的观测者的测量, 该粒子存在了多长时间?(2)由一个与该粒子一起运动的观测者来测量, 这粒子衰变前存在了多长时间?

解:(1)设实验室为 S 系,运动粒子为 S' 系,据题设,该粒子在实验室存在的时间为

$$\Delta t = \frac{S}{u} = \frac{3}{0.8c} = 1.25 \times 10^{-8}(\text{s})$$

(2)在 S' 系中,该粒子的寿命 τ 为 $\Delta t = \dfrac{\tau}{\sqrt{1-u^2/c^2}}$

即　　　　　　　$\tau = \Delta t \sqrt{1-u^2/c^2} = 1.25 \times 10^{-8} \times \sqrt{1-0.8^2} = 0.75 \times 10^{-8}(\text{s})$

　　11-10　A、B 两地直线相距1200km。在某一时刻从两地同时向对方飞出直航班机。现有一艘飞船从 A 到 B 方向在高空掠过,速率恒为 $u = 0.999c$。求宇航员测得:(1)两班机发出的时间间隔;(2)哪一班机先启航?

　　解:设地面为 S 系,A 位于 x_A,B 位于 x_B,飞船为 S' 系,则宇航员测得两班机的启航时间间隔为:$\Delta t' = t'_B - t'_A = \dfrac{\Delta t - u(x_B - x_A)/c^2}{\sqrt{1-u^2/c^2}}$

因为 S 系中两地飞机同时启航,即 $\Delta t = 0$,$x_B - x_A = 1200$km,故

$$\Delta t' = \frac{-0.999 \times 1.2 \times 10^6/3 \times 10^8}{\sqrt{1-0.999^2}} = -8.94 \times 10^{-2}(\text{s})$$

即　　　　　　　$\Delta t' = t'_B - t'_A < 0,\ t'_B < t'_A$

可见,宇航员观测得出 B 地班机先启航。

　　11-11　B 观察者以0.8c 的速度相对于 A 观察者运动。B 带着一根1m 长的细杆,杆的取向与运动方向相同。在杆的一端相继发出两次闪光,其时间间隔在他的计时标度上看是10s。求:(1)A 测得此杆的长度是多少?(2)A 测得两次闪光的时间间隔是多长?

　　解:(1)设 A 为 S 系,B 为 S' 系,因此杆的固有长度 $l_0 = 1$m,A 测得此杆长度应为

$$l = l_0 \sqrt{1-u^2/c^2} = 1 \times \sqrt{1-0.8^2} = 0.6(\text{m})$$

(2)A 测得杆的一端两次闪光的时间间隔为 $\Delta t = \dfrac{\Delta t' + \dfrac{u}{c^2}\Delta x'}{\sqrt{1-u^2/c^2}} = \dfrac{10}{\sqrt{1-0.8^2}} = 16.7(\text{s})$

　　11-12　观察者乙以0.8c 的速度相对于静止的观察者甲运动。求:(1)乙带着质量为1kg 的物体,甲测得此物体质量为多少?(2)甲、乙分别测得该物体的总能量为多少?(3)乙带着一长为 l_0,质量为 m 的棒,该棒沿运动方向放置,甲、乙分别测得该棒的密度是多少?

　　解:设甲为 S 系,乙为 S' 系

(1)据质量与速度 u 的关系,观测者甲测得该运动棒的相对论质量为

$$m = \frac{m_0}{\sqrt{1-u^2/c^2}} = \frac{1}{\sqrt{1-(4/5)^2}} = \frac{1}{0.6} = 1.67(\text{kg})$$

(2)甲、乙测得该棒的总能量分别为

$E_乙 = m_0 c^2 = 1 \times 9 \times 10^{16} = 9 \times 10^{16}(\text{J})$　　　$E_甲 = mc^2 = 1.67 \times 9 \times 10^{16} = 1.5 \times 10^{17}(\text{J})$

(3)甲、乙测得该棒的密度分别为

$$\rho_乙 = \frac{m_0}{l_0}　　　\rho_甲 = \frac{m}{l} = \frac{m_0}{l_0(1-u^2/c^2)} = \frac{m_0}{l_0[1-(4/5)^2]} = \frac{25m_0}{9l_0}$$

　　11-13　电子的静质量为 9.1×10^{-31}kg,以0.8c 速度运动,求它的相对论总能量、动

量、动能各为多少。

解： 电子的相对论总能量为

$$E = mc^2 = \frac{m_0}{\sqrt{1-u^2/c^2}} = \frac{9.1 \times 10^{-31}}{\sqrt{1-0.8^2}} \times 9 \times 10^{16} = 1.36 \times 10^{-13} \text{J} = 0.85(\text{Mev})$$

电子的动量为　$P = mu = \frac{m_0 u}{\sqrt{1-u^2/c^2}} = \frac{9.1 \times 10^{-31}}{\sqrt{1-0.8^2}} \times 0.8 \times 3 \times 10^8 = 3.64 \times 10^{-22}(\text{kg} \cdot \text{m} \cdot \text{s}^{-1})$

电子的静能　　$E_0 = m_0 c^2 = 9.1 \times 10^{-31} \times 9 \times 10^{16} = 8.2 \times 10^{-14} \text{J} = 0.51(\text{Mev})$

故电子的动能为　　　　　　　　$E_K = E - E_0 = 0.85 - 0.51 = 0.34(\text{Mev})$

11-14 欲将静质量为 m_0 的粒子能速度从 $0.6c$ 增加到 $0.8c$，需对它做多少功？

解： 由功能原理

$$W = E_2 - E_1$$

$$E_1 = m_1 c^2 = \frac{m_0}{\sqrt{1-u_1^2/c^2}} c^2 \qquad\qquad E_2 = m_2 c^2 = \frac{m_0}{\sqrt{1-u_2^2/c^2}} c^2$$

所以粒子由 u_1 增加到 u_2 需对它做功为　　　$W = \left[\frac{1}{\sqrt{1-u_2^2/c^2}} - \frac{1}{\sqrt{1-u_1^2/c^2}} \right] m_0 c^2$

$$= \left(\frac{1}{\sqrt{1-0.8^2}} - \frac{1}{\sqrt{1-0.6^2}} \right) m_0 c^2 = \frac{5}{12} m_0 c^2$$

11-15 静质量各为 m_0 的两个粒子，分别以速度 $0.8c$ 和 $0.6c$ 相互靠近，并形成一复合粒子。试求复合粒子的动量、总能量、静质量、动能。

解：（1）据题设，两粒子相互靠近后，发生完全非弹性碰撞（形成复合粒子）。在碰撞过程中系统的相对论总能量和动量守恒，故有

$$m_1 c^2 + m_2 c^2 = Mc^2 \qquad ① \qquad m_1 V_1 - m_2 V_2 = MV \qquad ②$$

上面两式中 m_1，m_2 分别为两粒子的相对论质量，M 为复合粒子相对论质量。

由②式可得复合粒子的动量

$$P = MV = m_1 V_1 - m_2 V_2 = \frac{m_0}{\sqrt{1-V_1^2/c^2}} V_1 - \frac{m_0}{\sqrt{1-V_2^2/c^2}} V_2$$

$$= \frac{m_0}{\sqrt{1-0.8^2}} \times 0.8c - \frac{m_0}{\sqrt{1-0.6^2}} \times 0.6c = \frac{7}{12} m_0 c = 0.58 m_0 c$$

复合粒子的总能量由①可得

$$E = Mc^2 = m_1 c^2 + m_2 c^2 = \left[\frac{1}{\sqrt{1-V_1^2/c^2}} + \frac{1}{\sqrt{1-V_2^2/c^2}} \right] m_0 c^2$$

$$= \left(\frac{1}{\sqrt{1-0.8^2}} + \frac{1}{\sqrt{1-0.6^2}} \right) m_0 c^2 = \frac{35}{12} m_0 c^2 = 2.92 m_0 c^2$$

由上面计算可得 $Mc^2 = \frac{35}{12} m_0 c^2$，故复合粒子的相对论质量为 $M = \frac{35}{12} m_0$，而复合粒子的速度由

$MV = \frac{7}{12} m_0 c$ 可得 $V = \frac{7 m_0 c}{12 M} = \frac{7}{35} c = 0.2c$，设复合粒子的静质量为 M_0，根据 $M = \frac{M_0}{\sqrt{1-V^2/c^2}}$，可

求得

$$M_0 = M \sqrt{1 - V^2/c^2} = \frac{35}{12} m_0 \sqrt{1 - 0.2^2} = 2.86 m_0$$

复合粒子动能为　　　$E_K = E - E_0 = Mc^2 - M_0 c^2 = (2.92 - 2.86) m_0 c^2 = 0.06 m_0 c^2$

11－16　试证：一粒子的相对论动量可以写成：$p = \dfrac{(2E_0 E_k + E_k^2)^{1/2}}{c}$。

证明：由 $E^2 = P^2 c^2 + E_0^2$

$$E^2 - E_0^2 = P^2 c^2, \quad (E + E_0)(E - E_0) = P^2 c^2$$

又据　　　　　　　　　　　$E = E_K + E_0$

故　　　$P = \frac{1}{c} \sqrt{(E + E_0)(E - E_0)} = \frac{1}{c} \sqrt{(E_K + 2E_0) E_K}$

五、自测题

11－1　惯性系 S 和 S' 的原点在 $t = t' = 0$ 时重合，有一事件发生在 S' 系的时空坐标为 $X' = 60\mathrm{m}$，$Y' = 10\mathrm{m}$，$Z' = 0$，$t' = 8.0 \times 10^{-8}\mathrm{s}$。若 S' 系相对于 S 系以速度 $u = 0.6c$ 沿 $X - X'$ 轴正向运动，则该事件在 S 系中测量时 $X =$ _____，$Y =$ _____，$Z =$ _____，$t =$ _____。

11－2　在相对论中，静止质量为 m_0 的粒子，以速度 u 运动，则有：质量 $m =$ _____；动能 $E_k =$ _____；总能 $E =$ _____。

11－3　某不稳定粒子的固有寿命是 $1.0 \times 10^{-6}\mathrm{s}$；在实验室参考系中测得它的速度为 $2.0 \times 10^8 \mathrm{m/s}$，则此粒子从产生到湮灭能飞行的距离为_____。

A. 149m　　　B. 200m　　　C. 268m　　　D. 402m

11－4　电子的静质量 $m_0 = 9.1 \times 10^{-31}\mathrm{kg}$，当它具有 $2.6 \times 10^5 \mathrm{eV}$ 的动能时，增加的质量与静质量之比为_____。

A. 0.1　　　　　B. 0.2　　　　C. 0.5　　　　　D. 0.9

11－5　在惯性系 S 中，有两个事件 A、B 同时发生在 X 轴上相距 $x_B - x_A = 1.0 \times 10^3 \mathrm{m}$ 的两地。从相对于 S 系沿 $X - X'$ 轴正向做匀速运动的 S' 系中观测，事件 A 和事件 B 不是同时发生的，时间间隔为 $5.77 \times 10^{-6}\mathrm{s}$。求 S' 系观测这两个事件的空间间隔是多少？哪一个事件先发生？

11－6　设电子的静质量为 m_0，光速为 c。(1)把电子的速率从 $v_1 = 0.6c$ 加速到 $v_2 = 0.8c$，需做功多少；(2)电子从静止通过 $1.0 \times 10^6 \mathrm{V}$ 的电势差后，它的质量、速率和动量分别是多少？

第十二章　量子力学基础

一、基本要求

1. 掌握描述光的波粒二象性的有关理论，包括黑体辐射规律、普朗克的能量量子化假设、爱因斯坦的光子理论、康普顿效应和玻尔的氢原子理论等。

2. 掌握描述实物微观粒子的波粒二象性的德布罗意物质波假设、不确定关系、波函数和薛定谔方程等基本概念和规律。

3. 理解原子结构的量子力学描述。

4. 了解薛定谔方程的应用。

二、本章提要

1. 热辐射

由物体内部原子、分子的热运动而引起的辐射电磁波能量的现象称为热辐射。

单色辐出度　在单位时间内，从物体表面单位面积上所发射的波长在 λ 附近单位波长间隔内的辐射能，用 $M_\lambda(T)$ 表示。

2. 斯忒藩 – 玻耳兹曼定律

$$M(T) = \sigma T^4$$

维恩位移定律　　　　　　　　　　　$T\lambda_m = b$

3. 普朗克黑体辐射公式

$$M_\lambda(T) = 2\pi hc^2 \lambda^{-5} \frac{1}{e^{\frac{hc}{\lambda kT}} - 1}$$

4. 光电效应的实验规律

(1) 增加光的强度，就能增加光电子的数目，所以饱和光电流和入射光强度成正比。(2) 光电子的最大初动能与遏止电压的关系为 $\frac{1}{2}mv_m^2 = eU_a$。(3) 入射光有一极限频率 ν_0，当 $\nu \geqslant \nu_0$ 时才能产生光电效应，当 $\nu < \nu_0$ 时无论光照多么强，照射时间多么长，都不能产生光电效应。ν_0 称为光电效应的截止频率(也叫红限频率)。(4) 光电效应是瞬时的，频率超过截止频率时，产生光电效应所需时间不超过 10^{-9} s。

爱因斯坦光电效应方程

$$h\nu = \frac{1}{2}mv_m^2 + W$$

5. 光子的能量、质量和动量

$$\varepsilon = h\nu \qquad m = \frac{h\nu}{c^2} \qquad p = \frac{h}{\lambda}$$

6. 康普顿效应公式

$$\Delta\lambda = \lambda - \lambda_0 = \frac{2h}{m_0 c}\sin^2\frac{\varphi}{2} = 2\lambda_c \sin^2\frac{\varphi}{2}$$

7. 氢原子光谱的规律性

广义巴耳末公式

$$\hat{\nu} = R\left(\frac{1}{k^2} - \frac{1}{n^2}\right),\ k = 1,2,3,\cdots,\ n = k+1,k+2,k+3,\cdots$$

8. 玻尔的氢原子的轨道半径

$$r_n = n^2\left(\frac{\varepsilon_0 h^2}{\pi m e^2}\right) \qquad n = 1,2,3,\cdots$$

$$E_n = -\frac{1}{n^2}\left(\frac{m e^4}{8\varepsilon_0^2 h^2}\right) \qquad n = 1,2,3,\cdots$$

9. 德布罗意假设与德布罗意波

$$\lambda = \frac{h}{m_0 v}$$

10. 不确定关系

位置和动量的不确定关系为：

$$\Delta x \Delta p_x \geqslant \frac{\hbar}{2}$$

$$\Delta y \Delta p_y \geqslant \frac{\hbar}{2}$$

$$\Delta z \Delta p_z \geqslant \frac{\hbar}{2}$$

时间和能量的不确定关系为：

$$\Delta E \Delta t \geqslant \frac{\hbar}{2}$$

11. 波函数及其统计解释

自由粒子在三维空间中的波函数为：

$$\psi(r,t) = A e^{-\frac{i}{\hbar}(Et - \vec{p}\cdot\vec{r})}$$

$|\psi|^2$ 代表物质波的概率密度，$|\psi|^2$ 等于波函数与其共轭复数的乘积。波函数必须是单值、有限、连续函数，且满足归一化条件，即

$$\iiint\limits_V |\psi|^2 \mathrm{d}V = 1$$

12. 定态薛定谔方程

$$-\frac{\hbar^2}{2m}\left(\frac{\mathrm{d}^2\psi}{\mathrm{d}x^2} + \frac{\mathrm{d}^2\psi}{\mathrm{d}y^2} + \frac{\mathrm{d}^2\psi}{\mathrm{d}z^2}\right) + U\psi(x,y,z) = E\psi(x,y,z)$$

13. 一维无限深势阱中运动的粒子的定态波函数是

$$\begin{cases} \psi(x) = 0 & x \leqslant 0,\ x \geqslant a \\ \psi(x) = \sqrt{\dfrac{2}{a}}\sin\dfrac{n\pi x}{a} & 0 < x < a \end{cases}$$

14. 势垒与隧道效应

势垒　两种不同的金属材料联在一起，在其接触面处形成电势差，此电势差就是势垒。

隧道效应　粒子能穿透比其能量更大的势垒的现象。

15. 类氢原子的量子理论

能量量子化——主量子数 n

$$E_n = -\frac{me^4}{8\varepsilon_0^2 h^2} \cdot \frac{Z^2}{n^2} \quad (n = 1, 2, 3, \cdots)$$

角动量量子化——角量子数 l

$$L = \sqrt{l(l+1)}\frac{h}{2\pi} \quad (l = 0, 1, 2, \cdots, n-1)$$

空间量子化——磁量子数 m_l

$$L_z = m_l\frac{h}{2\pi} \quad (m_l = 0, \pm1, \pm2, \cdots, \pm l)$$

自旋量子化——自旋量子数 s

$S = \sqrt{s(s+1)}\frac{h}{2\pi}$　$S = \frac{1}{2}$，自旋角动量的空间取向量子化，即 S 在外磁场方向上的分量 $S_z = m_s\frac{h}{2\pi}$，自旋磁量子数 m_s，$m_s = \pm\frac{1}{2}$，$S_z = \pm\frac{1}{2}\hbar$，表示自旋角动量在外场方向上只有两个分量。

16. 多电子原子的核外电子状态

泡利不相容原理：在同一个原子内，不可能有两个或两个以上的电子处于完全相同的状态。

能量最小原理：原子系统处于正常态时，每个电子趋向占有最低的能级。

三、典型例题

12-1　康普顿散射中，已知散射角 $\theta = 90°$，试求下列入射光子波长的变化率。

(1) 可见光范围内，$\lambda = 500\text{nm}$；

(2) 在 X 线范围内，$\lambda = 0.1\text{nm}$。

解：因为，在康普顿散射中，波长的变化量只与散射角有关，与入射光子波长无关。

$$\Delta\lambda = 2\lambda_c\sin^2\frac{\theta}{2}, \quad \lambda_c = \frac{h}{m_e c}$$

$$\Delta\lambda = \frac{2\times6.626\times10^{-34}}{9.11\times10^{-31}\times3\times10^8}\sin^2\frac{90°}{2} = 2.43\times10^{-12}(\text{m})$$

(1) $\lambda = 500\text{nm}$ 时，$\dfrac{\Delta\lambda}{\lambda} = \dfrac{2.43\times10^{-12}}{500\times10^{-9}} = 4.86\times10^{-4}\%$

(2) $\lambda = 0.1\text{nm}$ 时，$\dfrac{\Delta\lambda}{\lambda} = \dfrac{2.43\times10^{-12}}{0.1\times10^{-9}} = 2.43\%$

说明在可见光及更长的波长范围内，康普顿效应不明显，而在 X 射线或更小的波长入射时，可产生明显的观察效应。

12-2　一群氢原子被外来单色光激发后发出的光谱线中，在巴尔末系中，仅观察到三条谱线，试求：(1)外来光的波长；(2)除了巴尔末系中这三条光谱线外还有哪几条谱线？

解：(1)由氢原子的能级公式

$$E_n = -\frac{13.6}{n^2}eV \qquad n = 1, 2, 3, \cdots$$

$$\Delta E = E_n - E_K = \frac{hc}{\lambda} \qquad n > k$$

由题意可知 $n = 5$，外来光子的波长

$$\lambda = \frac{hc}{E_5 - E_1} = \frac{6.62 \times 10^{-34} \times 3 \times 10^8}{(-0.544 + 13.6) \times 1.6 \times 10^{-19}} = 95.1(\text{nm})$$

(2)对应巴尔末系 $k = 2$，观察到三条可见光谱线，n 最多只能是 5，超过 5 就观察不到，所以是 $3 - 2$、$4 - 2$、$5 - 2$。除此之外还有当 $k = 4$ 一条，即 $5 - 4$；当 $k = 3$ 时有两条，即 $5 - 3$、$4 - 3$；当 $k = 1$ 时有四条，即 $5 - 1$、$4 - 3$、$3 - 1$、$2 - 1$ 共 7 条。

12 - 3 在一维无限深势阱中，当粒子处在 Ψ_1 和 Ψ_2 时，求发现粒子概率最大的位置。

解：一维无限深势阱中运动的粒子的定态波函数是

$$\begin{cases} (x) = 0 & x \leqslant 0, \ x \geqslant a \\ (x) = \sqrt{\dfrac{2}{a}} \sin \dfrac{n\pi x}{a} & 0 < x < a \end{cases}$$

当粒子处在 1 时，$n = 1$，发现粒子概率最大的位置应为

$$\frac{d\psi_1^2(x)}{dx} = 0$$

即

$$\frac{4\pi}{a^2} \sin \frac{\pi x}{a} \cos \frac{\pi x}{a} = 0$$

$$\sin \frac{2\pi x}{a} = 0, \ 0 < x < a \ \text{时}, \ x = \frac{a}{2}$$

即发现粒子概率最大的位置应为 $x = \dfrac{a}{2}$ 处

当粒子处在 2 时，$n = 2$，发现粒子概率最大的位置应为

$$\frac{d\psi_2^2(x)}{dx} = 0$$

即

$$\frac{8\pi}{a^2} \sin \frac{2\pi x}{a} \cos \frac{2\pi}{a} x = 0$$

$$\sin \frac{4\pi}{a} x = 0$$

$0 < x < a$ 时解得 $x = \dfrac{a}{4}, \ \dfrac{a}{2}, \ \dfrac{3}{4}a$

发现粒子概率最大的位置应为 $x = \dfrac{a}{4}, \ \dfrac{3}{4}a$ 处，$x = \dfrac{a}{2}$ 处概率最小。

四、思考题与习题解答

12 - 1 测量星球表面温度的方法是将星球看成绝对黑体，按维恩位移定律测量 λ_m 便可求出 T。如测得北极星的 $\lambda_m = 350\text{nm}$，天狼星的 $\lambda_m = 290\text{nm}$，试求这些星球的表面温度各是

多少。

解： 根据维恩位移定律有

$$\lambda_m T = b$$

可得出北极星和天狼星表面的温度为：

$$T_{北极星} = \frac{b}{\lambda_m} = \frac{2.898 \times 10^{-3}}{350 \times 10^{-9}} = 8802(\text{K})$$

$$T_{天狼星} = \frac{b}{\lambda_m} = \frac{2.898 \times 10^{-3}}{290 \times 10^{-9}} = 9993(\text{K})$$

答： 北极星的表面温度是 8802K，天狼星表面的温度是 9993K。

12 - 2　由实验可知，在一定条件下，人眼视网膜上接收 5 个蓝绿色（$\lambda = 500nm$）光子就能产生光的感觉，此时视网膜上接收的能量有多少？如果每秒都接收 5 个这种光子，问投射到视网膜上的光功率是多少？

解： 接收的能量有：$E = nh\nu = nhc/\lambda$，

$$E = 5 \times 6.626 \times 10^{-34} \times 3 \times 10^{8}/(500 \times 10^{-9}) = 1.99 \times 10^{-18}(\text{J})$$

投射到视网膜上的光功率是：$P = \dfrac{E}{t} = 1.99 \times 10^{-18}(\text{W})$

答： 投射到视网膜上的光功率是 $1.99 \times 10^{-18}(\text{W})$

12 - 3　铝的逸出功为 4.2eV，今用波长为 200nm 的紫外光照射到铝表面上，发射的光电子的最大初动能为多少？遏止电势差为多少？铝的红限波长是多大？

解： 发射的光电子的最大初动能为：$\dfrac{1}{2}mv_m^2 = E - W = hc/\lambda - W$

$$\frac{1}{2}mv_m^2 = 6.626 \times 10^{-34} \times 3 \times 10^{8}/(200 \times 10^{-9} \times 1.6 \times 10^{-19}) - 4.2 = 2.0(\text{eV})$$

遏止电势差为：$\dfrac{1}{2}mv_m^2 = eU_a$，$U_a = \dfrac{1}{2}mv_m^2/e = 2.0eV/e = 2.0(\text{V})$

铝的红限波长是：$\lambda_0 = hc/W = 6.62 \times 10^{-34} \times 3 \times 10^{8}/(4.2 \times 1.6 \times 10^{-19}) = 296 \times 10^{-9}$ m
　　　　　　　　$= 296(\text{nm})$

答： 发射的光电子的最大初动能 2.0eV，遏止电势差 2.0V，铝的红限波长 296nm。

12 - 4　康普顿散射光子的波长是在 $\theta = 90°$ 处测得的，如果 $\dfrac{\Delta\lambda}{\lambda_0}$ 为 1%，入射的光子的波长为多少？

解： 因为 $\Delta\lambda = 2\lambda_c \sin^2 \dfrac{\theta}{2}$，$0.01\lambda_0 = 2\lambda_c \sin^2 \dfrac{\theta}{2}$，所以 $\lambda_0 = 2\lambda_c \sin^2 \dfrac{\theta}{2} = 2 \times 0.00243 \times 0.5/0.01$。

$\lambda_0 = 0.243(\text{nm})$

答： 入射的光子的波长为 0.243nm。

12 - 5　已知 X 射线的光子能量为 0.60MeV，在康普顿散射后波长改变了 20%，求反冲电子获得的能量。

解： 因为 $\Delta\lambda = \lambda - \lambda_0$，所以 $\lambda = \Delta\lambda + \lambda_0 = 1.2\lambda_0$

由能量守恒，反冲电子的动能为：

$$E_k = \frac{hc}{\lambda_0} - \frac{hc}{1.2\lambda_0} = 0.6\left(1 - \frac{1}{1.2}\right) = 0.1(\text{MeV})$$

答：反冲电子获得的能量是 0.1MeV。

12-6 氢原子光谱的巴尔末线系中，有一谱线的波长为 430nm。(1)求与这一谱线相应的光子的能量；(2)设该谱线是氢原子由能级 E_n 跃迁到 E_k 产生的，n 和 k 各为多少？

解：与这一谱线相应的光子的能量 $E_k = \dfrac{hc}{\lambda} = \dfrac{6.62 \times 10^{-34} \times 3 \times 10^8}{430 \times 10^{-9} \times 1.602 \times 10^{-19}} = 2.86(\text{eV})$

巴尔末线系中有：$\tilde{\nu} = \dfrac{1}{\lambda} = R\left(\dfrac{1}{2^2} - \dfrac{1}{n^2}\right)$，所以 $k = 2$

$$\frac{1}{\lambda} = R\left(\frac{1}{2^2} - \frac{1}{n^2}\right), \quad n = \sqrt{\frac{4R\lambda}{R\lambda - 4}} = 5$$

答：与这一谱线相应的光子的能量是 2.86eV，n 等于 5，k 等于 2。

12-7 在基态氢原子被外来单色光激发后发出的巴尔末线系中，仅观察到三条谱线，试求：(1)外来光的波长；(2)这三条光谱线的波长。

解：观察到三条谱线，指可见光，即 n 最多只能是 5，超过 5 就观察不到，n 是 3-2、4-2、5-2。

$$E_n - E_K = h\nu, \quad \lambda = \frac{hc}{E_5 - E_1} = \frac{6.62 \times 10^{-34} \times 3 \times 10^8}{(-0.544 + 13.6) \times 1.6 \times 10^{-19}} = 95.1 \times 10^{-9}\text{m} = 95.1(\text{nm})$$

当 n 从 5→2：$\tilde{\nu} = R\left(\dfrac{1}{2^2} - \dfrac{1}{5^2}\right) = \dfrac{21}{100}R$，$\lambda_{5-2} = \dfrac{100}{21R} = 435(\text{nm})$

当 n 从 4→2：$\tilde{\nu} = R\left(\dfrac{1}{2^2} - \dfrac{1}{4^2}\right) = \dfrac{3}{16}R$，$\lambda_{4-2} = \dfrac{16}{3R} = 486.1(\text{nm})$

当 n 从 3→2：$\tilde{\nu} = R\left(\dfrac{1}{2^2} - \dfrac{1}{3^2}\right) = \dfrac{5}{36}R$，$\lambda_{3-2} = \dfrac{36}{5R} = 653.6(\text{nm})$

答：外来光的波长等于 95.1nm，这三条光谱线的波长分别为 435nm、486.1nm、653.6nm。

12-8 一电子显微镜的加速电压为 40keV，经此加速电压加速的电子，其德布罗意波长是多少？

解：由于 40keV 比电子静能 0.51MeV 小许多，所以可以不考虑相对论效应，由此可得：

$$\lambda = \frac{h}{\sqrt{2mE}} = \frac{h}{\sqrt{2meu}} = \frac{6.63 \times 10^{-34}}{\sqrt{2 \times 9.1 \times 10^{-31} \times 1.6 \times 10^{-19} \times 4 \times 10^4}} = 6.1 \times 10^{-12}\text{m} = 6.1 \times 10^{-3}(\text{nm})$$

答：其德布罗意波长等于 6.1×10^{-3}nm。

12-9 为了探测质子的内部结构，曾在斯坦福直线加速器中获得 22GeV 的电子，用其探测质子，求该电子的德布罗意波长。该电子可用来探测质子的内部结构吗？为什么？（质子线度为 10^{-15}m）

解：所用电子能量 22GeV 大大超过了电子的静能 0.51MeV，所以需用相对论计算其动量，即 $P = E/c$，故其德布罗意波长为

$$\lambda = h/P = hc/E = 6.63 \times 10^{-34} \times 3 \times 10^8 / (22 \times 10^9 \times 1.6 \times 10^{-19}) = 5.7 \times 10^{-17}\text{m} = 5.7 \times 10^{-8}(\text{nm})$$

答：该电子的德布罗意波长等于 5.7×10^{-8}nm，由于 $\lambda \leqslant 10^{-15}$m，所以这种电子可以给出质子内部各处信息，可以用来探测质子内部的情况。

12-10　一质量为 40g 的子弹以 10^3m·s^{-1} 的速率飞行。求：（1）德布罗意波的波长；（2）若测得子弹位置的不确定量为 0.1mm，求其速度的不确定量。

解：（1）子弹的德布罗意波长为：$\lambda = \dfrac{h}{mv} = \dfrac{6.63 \times 10^{-34}}{4 \times 10^{-2} \times 1000} = 1.66 \times 10^{-35}$（m）

（2）由不确定关系 $\Delta x \Delta P \geqslant \hbar/2$，$\Delta P = m\Delta v$，可得子弹速度的不确定量为：

$$\Delta v \geqslant \frac{h}{4\pi m \Delta x} = \frac{6.63 \times 10^{-34}}{4 \times 3.14 \times 4 \times 10^{-2} \times 0.0001} = 1.3 \times 10^{-29}（\text{m/s}）$$

答：子弹的德布罗意波长等于 1.66×10^{-35}m，速度的不确定量为 1.3×10^{-29}（m/s）

12-11　证明：自由粒子的不确定关系可写成 $\Delta x \Delta \lambda \geqslant \lambda^2/4\pi$，$\lambda$ 为该粒子的德布罗意波长。

证明：由不确定关系 $\Delta x \Delta P \geqslant \hbar/2$，由于 $P = \dfrac{h}{\lambda}$

$$\Delta P = \frac{h}{\lambda^2}\Delta \lambda \qquad \Delta x\left(\frac{h}{\lambda^2}\right)\Delta \lambda \geqslant \frac{h}{4\pi} \qquad \Delta x \Delta \lambda \geqslant \lambda^2/4\pi$$

12-12　人们曾经认为原子核是由质子和电子组成的，若电子存在于原子核中，试用不确定关系估算核中电子的动能，并由此说明电子不可能存在于核中。

解：$\Delta P \Delta x = \dfrac{\hbar}{2}$，在原子核区间 $\Delta x \sim 10^{-15}$m，故动量不确定量为：

$$\Delta P = \frac{\hbar}{2\Delta x} = \frac{1.06 \times 10^{-34}}{2 \times 10^{-15}} \sim 10^{-19}（\text{kg}\cdot\text{m}\cdot\text{s}^{-1}）$$

则核中电子的动能应为：

$$E_K = \frac{P^2}{2m} \approx \frac{10^{-19 \times 2}}{2 \times 9.1 \times 10^{-31}} \sim 10^{-6}\text{J} \sim 10^{+13}\text{eV}$$

这个动能比电子静能 0.51MeV 大，故动量要用相对论关系计算

$$E = \sqrt{(Pc)^2 + E_0^2} \sim Pc \sim 10^{-19} \times 10^8 \sim 10^{-11}\text{J} \sim 10^2（\text{MeV}）$$

而电子的势能为：$U = \dfrac{e^2}{4\pi\varepsilon_0 r} \sim \dfrac{10^{10} \times (10^{-19})^2}{10^{-15}} \sim 10^{-13}\text{J} \sim 10^6（\text{eV}）$

由以上计算可见，电子能量 E 比势能 U 大得多，故电子不可能束缚于核中。

12-13　一维无限深势阱中粒子的定态波函数为 $\psi_n = \sqrt{\dfrac{2}{a}}\sin\dfrac{n\pi x}{a}$，试求：（1）粒子处于基态时；（2）粒子处于 $n=2$ 的状态时，在 $x=0$ 到 $x=\dfrac{a}{3}$ 之间粒子出现的概率。

解：（1）$\psi_1(x) = \sqrt{\dfrac{2}{a}}\sin\dfrac{\pi x}{a}$，$w_1(x) = \dfrac{2}{a}\sin^2\dfrac{\pi x}{a}$

$x = 0 \sim \dfrac{a}{3}$ 间粒子出现的概率为 $\displaystyle\int_0^{\frac{a}{3}} \frac{2}{a}\sin^2\frac{\pi x}{a}dx = 0.19$

（2）$\psi_2(x) = \sqrt{\dfrac{2}{a}}\sin\dfrac{2\pi x}{a}$，$w_2(x) = \dfrac{2}{a}\sin^2\dfrac{2\pi x}{a}$

$x = 0 \sim \dfrac{a}{3}$ 间粒子出现的概率为 $\displaystyle\int_0^{\frac{a}{3}} \dfrac{2}{a} \sin^2 \dfrac{2\pi x}{a} \mathrm{d}x = 0.40$

答：粒子处于基态时的概率 0.19，粒子处于 $n = 2$ 的状态时，在 $x = 0$ 到 $x = \dfrac{a}{3}$ 之间粒子出现的概率为 0.40。

12 – 14 已知一维运动的粒子波函数为

$$\psi(x) = \begin{cases} Axe^{-\lambda x} & x \geq 0 \\ 0 & x < 0 \end{cases}$$

求：（1）归一化常数 A；（2）概率分布函数；（3）粒子概率最大值的位置 x。

解：（1）根据波函数归一化条件可得 $\displaystyle\int_0^\infty \psi^2 \mathrm{d}x = \int_0^\infty A^2 x^2 e^{-2\lambda x} \mathrm{d}x = 1$

完成上述积分计算可得归一化常数 $A = 2\lambda^{3/2}$

（2）$|\psi|^2 = A^2 x^2 e^{-2\lambda x} = 4\lambda^3 x^2 e^{-2\lambda x}$，$(x \geq 0)$ $|\psi|^2 = 0$，$(x \leq 0)$

（3）令 $\dfrac{\mathrm{d}}{\mathrm{d}x} |\psi|^2 = 0$

即 $\dfrac{\mathrm{d}}{\mathrm{d}x}(4\lambda^3 x^2 e^{-2\lambda x}) = 4\lambda^3 (2x - 2\lambda x^2) e^{-2\lambda x} = 0$　　得 $x = \dfrac{1}{\lambda}$

即在 $\dfrac{1}{\lambda}$ 处找到粒子的概率最大。

答：（1）归一化常数 $A = 2\lambda^{3/2}$。（2）概率分布函数 $|\psi|^2 = A^2 x^2 e^{-2\lambda x} = 4\lambda^3 x^2 e^{-2\lambda x}$，$(x \geq 0)$；$|\psi|^2 = 0$。（3）$(x \leq 0)$，粒子概率最大值的位置 x 在 $\dfrac{1}{\lambda}$ 处。

12 – 15 当氢原子中电子处于 $n = 3$，$l = 2$，$m_s = -2$，$m_s - \dfrac{1}{2}$ 的状态时，试求角动量 L、角动量分量 L_z 和自旋角动量的大小。

解：　　$L = \sqrt{l(l+1)}\hbar = \sqrt{2(2+1)}\hbar = \sqrt{6}\,\hbar$

$L_z = m_l \hbar = -2\,\hbar$

$S = \sqrt{s(s+1)}\hbar = \sqrt{\dfrac{1}{2}\left(\dfrac{1}{2}+1\right)}\hbar = \sqrt{3}\hbar/2$

答：角动量、角动量分量和自旋角动量的大小分别为 $\sqrt{6}\,\hbar$、$-2\,\hbar$、$\sqrt{3}\hbar/2$。

12 – 16 主量子数 $n = 4$ 时，求：（1）氢原子的能量值；（2）电子可能具有的角动量值；（3）电子可能具有的角动量分量 L_z；（4）电子的可能状态数。

解：据题设氢原子处于 $n = 4$ 的能态有：

（1）能量 $E_4 = \dfrac{E_1}{n^2} = -\dfrac{13.6}{4^2} = -0.85(\mathrm{eV})$

（2）角动量 L 的可能值 $n = 4$，$l = 0, 1, 2, 3$，由 $L = \sqrt{l(l+1)}\hbar$ 可得 $L = 0, \sqrt{2}\hbar, \sqrt{6}\hbar, \sqrt{12}\hbar$。

（3）m_l 可能取值为 0、± 1、± 2、± 3，由 $L_z = m_l \hbar$ 可得 L_z 的可能值为 0、$\hbar$、$2\,\hbar$、$-2\,\hbar$、$3\hbar$、$-3\,\hbar$。

（4）电子的可能态数为 $Z = 2n^2 = 2 \times 4^2 = 32$。

五、自测题

12-1　氢原子中的电子从基态电离时,所需的能量是_____。

12-2　当氢原子中电子处于 $n=3$, $l=2$, $m_l=-2$, $m_s=-\dfrac{1}{2}$ 的状态时,轨道角动量及其 Z 轴分量的大小为_____;自旋角动量及其 Z 轴分量的大小为_____。

12-3　原子从能量为 E_m 的状态跃迁到能量为 E_n 的状态时,辐射光子的能量是_____。

A. $(E_m-E_n)/h$　　B. $E_n/n^2-E_m/m^2$　　C. E_m-E_n　　D. E_n-E_m

12-4　关于波函数 $\psi(r,t)$ 的物理意义,下列表述中正确的是_____。

A. $\psi(r,t)$ 是 t 时刻粒子出现在 r 处的概率;

B. $\psi(r,t)$ 是 t 时刻粒子出现在 r 处的概率密度;

C. $\psi(r,t)$ 无直接的物理意义, $|\psi(r,t)|^2$ 是 t 时刻粒子出现在 r 处的概率密度;

D. $|\psi(r,t)|^2$ 是 t 时刻粒子出现在 r 处的概率。

12-5　在加热黑体过程中,单色辐出度极大值对应的波长由 $0.69\mu m$ 变化到 $0.5\mu m$,求辐射出射度增加了几倍。

12-6　用能量为 12.6eV 的电子轰击基态氢原子,可能产生哪些波长的谱线? 它们分别属于什么线系?

第十三章 X 射线和原子核放射性

一、基本要求

1. 掌握 X 射线强度和硬度的概念、X 射线谱及 X 射线产生的微观机制、X 射线的衍射、X 射线的衰减规律及应用。

2. 了解原子核的基本性质和原子核的衰变类型。

3. 掌握原子核的衰变规律和应用。

4. 理解射线剂量的定义及射线的防护方法。

二、本章提要

1. X 射线的强度

指单位时间内通过与 X 射线传播方向垂直的单位面积的辐射能量，以 I 表示 X 射线的强度，单位为 $W \cdot m^{-2}$。在医学上通常用管电流的毫安数（mA）来表示 X 射线的强度。

2. X 射线的硬度

指 X 射线的贯穿本领，在医学上通常用管电压的千伏数（kV）来表示 X 射线的硬度。

3. X 射线的基本性质

X 射线是波长比紫外光更短的电磁波，具有电离作用、贯穿本领、荧光作用、光化学作用、生物效应的特征。

4. 利用晶体作为空间光栅，得到 X 射线的衍射图像。获得 X 射线的衍射谱线。相邻两晶面反射的两条光线干涉加强而形成明纹的条件是

$$2d\sin\varphi = k\lambda, \quad k = 1,2,3,\cdots$$

5. X 射线谱

X 射线谱包括两部分：

（1）连续 X 射线谱　它是高速电子受到靶的抑制作用产生的韧致辐射的结果。短波极限 $\lambda_{\min}$ 为

$$\lambda_{\min} = \frac{1 \cdot 242}{U} nm$$

（2）标识 X 射线谱　标识 X 射线是由内层电子能级跃迁产生的结果，它的波长决定于阳极靶的材料，原子序数越高的元素，它们的标识 X 射线的波长一定越短。

6. 物质对 X 射线的吸收

$$I = I_0 e^{-\mu_m x_m}$$

μ 为线性吸收系数，μ_m 为质量吸收系数，x 是吸收的厚度，x_m 为质量厚度。x_m 的常用单位为 $g \cdot cm^{-2}$，μ_m 的相应单位为 $cm^2 \cdot g^{-1}$。

7. 半价层

X射线在物质中强度被衰减一半时的厚度，称为该种物质的半价层。

$$x_{\frac{1}{2}} = \frac{\ln 2}{\mu} = \frac{0.693}{\mu}$$

$$x_{\frac{m}{2}} = \frac{\ln 2}{\mu_m} = \frac{0.693}{\mu_m}$$

8. 质量吸收系数 μ_m 与波长、原子序数的关系

$$\mu_m = KZ^\alpha \lambda^3$$

对于医学上常用的 X 射线，α 可取 3.5，K 为常量。

9. 放射性核素的衰变规律

（1）衰变规律 $N = N_0 e^{-\lambda t}$，λ 称为衰变常数。

（2）半衰期和平均寿命

原子核的数目衰减一半所需要的时间称为该核素的半衰期。

$$T_{1/2} = \frac{0.693}{\lambda}$$

平均寿命是放射性核平均生存的时间，它是半衰期 $T_{1/2}$ 的 1.44 倍。

（3）放射性活度　　$A = A_0 e^{-\lambda t}$ 活度的单位是贝克（Bq）。

10. 三种主要的衰变方式

α、β 和 γ 衰变。

α 衰变一般可表示为：

$$_Z^A X \rightarrow _{Z-2}^{A-4} Y + _2^4 \text{He}$$

其中，X、Y 分别代表母核和子核的化学符号。

β 衰变一般可表示为

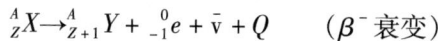

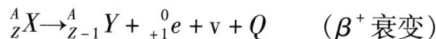

$$_Z^A X \rightarrow _{Z+1}^A Y + _{-1}^0 e + \bar{v} + Q \qquad （\beta^- 衰变）$$

$$_Z^A X \rightarrow _{Z-1}^A Y + _{+1}^0 e + v + Q \qquad （\beta^+ 衰变）$$

γ 衰变表示为 $_Z^A X^* \rightarrow _Z^A X + \gamma$

X 是核素的化学符号，星号指核素处于激发态。

11. 放射性剂量

照射量：$E = \dfrac{\mathrm{d}Q}{\mathrm{d}m}$

照射量的单位为 C·Kg^{-1}。

吸收剂量：$D = \dfrac{\mathrm{d}E}{\mathrm{d}m}$

吸收剂量是射线给予单位质量物质的平均能量，吸收剂量的单位是戈瑞（Gy），$1\text{Gy} = 1$ 焦耳/千克（J·kg^{-1}）。

当量剂量：$H = DQ$

D 为平均吸收剂量，Q 为相应射线品质因子。当量剂量的单位为希特（Sv），$1\text{Sv} = \text{J·kg}^{-1}$。当量剂量只适用于人和生物体，反映的是辐射对人体的损伤程度。

三、思考题与习题解答

13－1　什么是 X 射线的强度和硬度？如何调节？

答：X 射线的强度表示了 X 射线的量，硬度表示了 X 射线的质。可通过调整 X 射线管的管电流、管电压和照射时间来控制。

13－2　X 射线的标识谱与连续谱产生的机制有何区别？

答：X 射线的标识谱是由内层电子能级跃迁产生的结果。而连续 X 射线谱，是高速电子受到轫致辐射作用，电子进入靶内的深度不同，速度变化也不同，因此每个电子损失的动能不同，辐射出来的光子能量具有各种各样的数值，从而形成具有各种频率的连续 X 射线谱。

13－3　一连续 X 射线机的管电压为 200kV，管电流 40mA，假定产生 X 射线的效率是 1%，那么靶上每分钟要产生多少热量？

解：$W_总 = UIt = 200 \times 10^3 \times 40 \times 10^{-3} \times 60 = 4.8 \times 10^5 J$，因为产生 X 射线的效率是 1%，即靶上每分钟要产生的热量为 $Q = W_总 \times 99\% = 4.752 \times 10^5 J$。

答：靶上每分钟要产生热量为 $4.752 \times 10^5 J$。

13－4　如果 X 射线管电压为 100kV，试计算 X 射线的最短波长和光子的最大能量。

解：$\lambda_{min} = \dfrac{1.242}{U(kV)} = \dfrac{1.242}{100} = 0.0124 (nm)$

$E_{max} = eU = 1.6 \times 10^{-19} \times 100 \times 10^3 = 1.6 \times 10^{-14} (J)$

答：X 射线的最短波长 $\lambda_{min} = 0.0124nm$，光子的最大能量 $E_{max} = 1.6 \times 10^{-14} (J)$。

13－5　单色 X 射线强度衰减至原来的 1% 时，需要多少个半价层？

解：假定单色 X 射线强度衰减至原来的 1% 时，需要 n 个半价层，即

$$\left(\frac{1}{2}\right)^n = 1\%$$

两边取对数 $-n\lg 2 = -2$

$n = 6.64$

答：需要 6.64 个半价层。

13－6　X 射线在 KCl 晶体上的二级掠射角为 30°，X 射线波长为 1.57Å，求晶体的晶格常数。

解：相邻两晶面反射的两条光线干涉加强而形成明纹的条件是

$2d\sin\varphi = k\lambda$，$k = 1,2,3,\cdots$，$k = 2$，所以 $2d\sin 30° = 2 \times 1.57 \times 10^{-10}$

$d = 3.14 \times 10^{-10} (m)$

答：晶体的晶格常数为 $3.14 \times 10^{-10} m$。

13－7　原子核的体积与质量数之间有何关系？这种关系说明什么？

答：原子核的体积与质量数之间的关系为：$V \approx (\dfrac{4\pi R_0^3}{3})A$，$R_0 = 1.20 \times 10^{-15} m$，$\rho = \dfrac{M}{V} = \dfrac{Au}{\frac{4}{3}\pi R_0^3 A} = \dfrac{1.66 \times 10^{-27}}{\frac{4}{3}\pi \times (1.20 \times 10^{-15})^3} \approx 10^{17}$。这说明所有原子核的质量密度近似相等。

13－8　核自旋量子数等于整数或半奇整数是由核的什么性质决定的？

答：核自旋量子数等于整数或半奇整数是由于原子核具有角动量，或者说是核自旋决定

的。原子核之所以具有核自旋，一是由于组成原子核的质子和中子都具有自旋运动；二是核子在核内又有复杂的相对运动，产生相应的轨道角动量。核自旋是轨道角动量和自旋角动量之和。依据量子力学理论，核的自旋角动量的大小为$\hbar$。核自旋在z方向的投影$I_z = \hbar$，$m_I = \pm I$，$\pm(I-1)$，$\cdots$，$\pm\dfrac{1}{2}$或0，所以，核自旋量子数的值可以是半奇整数或整数。

13 - 9　写出放射性衰变服从的指数规律。衰变常数λ的物理意义是什么？什么叫平均寿命τ？它和半衰期$T_{1/2}$和λ有什么关系？

答：放射性衰变的指数规律是：$N = N_0 e^{-\lambda t}$。λ表示一个原子核在单位时间内发生衰变的概率，是放射物发生衰变快慢的标志。平均寿命是放射性核平均生存的时间，它和半衰期$T_{1/2}$和λ的关系是$\tau = \dfrac{1}{\lambda} = \dfrac{T_{1/2}}{\ln 2} = 1.44 T_{1/2}$。

13 - 10　三个半衰期时间间隔后，初始放射性核还剩下几分之几？

解：三个半衰期时间间隔后，初始放射性核还剩下$\left(\dfrac{1}{2}\right)^3 = \dfrac{1}{8}$。

13 - 11　原子核发射γ射线和原子发射光子有什么相同之处和不同之处？

答：相同之处都是在跃迁的过程中产生光子。不同之处是原子核辐射γ射线，核内的电磁相互作用发生了变化并导致核内的电荷分布或电流发生变化。

第十四章　激光及其医学应用

一、基本要求

1. 掌握激光的基本原理与特性。

2. 了解激光的医学应用。

二、本章提要

1. 光的自发辐射和受激辐射

自发辐射：在没有任何外界作用下，激发态原子自发地从高能级向低能级跃迁，同时辐射出一个光子的过程。

受激辐射：处于高能级 E_2 上的原子，受到能量为 $h\nu = E_2 - E_1$ 的外来光子的激励，由高能级 E_2 受激跃迁到低能级 E_1，同时辐射出一个与激励光子全同（即频率、相位、偏振状态、传播方向等均同）的光子。这一过程称为受激辐射。

2. 粒子数按能级的分布

玻耳兹曼分布、粒子数反转分布。

3. 光学谐振腔

光可被反复放大形成稳定振荡的装置称为光学谐振腔。

4. 激光器的基本组成部分

工作物质、激励源和光学谐振腔。

5. 激光的特性

方向性好，亮度高、强度大，单色性好，相干性好，偏振性好。

6. 激光的医学应用

光动力疗法治癌；激光治疗心血管疾病；准分子激光角膜成形术；激光治疗前列腺良性增生；激光美容术；激光纤维内窥镜手术；激光腹腔镜手术；激光胸腔镜手术；激光关节镜手术；激光碎石术；激光外科手术；激光在吻合术上的应用；激光在口腔、颌面外科及牙科方面的应用；弱激光疗法等。

三、思考题与习题解答

14-1　何谓粒子数反转分布？实现粒子数反转分布的条件是什么？

答：正常状态下，受激辐射概率很小，宏观上得不到光放大的效果。为了实现光放大，必须破坏粒子数在热平衡状态下的玻耳兹曼分布。为此称粒子数在能级上能实现 $\dfrac{N_2}{N_1} > 1$ 的分布为粒子数反转分布。实现粒子数反转分布的条件是：第一，要求介质有适当的能级结构，必须有两个能级以上且有亚稳态能级才能实现粒子数反转；第二，要求有外界能源供给能量,使正常分布下处于低能级的大量粒子尽快被激发或抽运到较高能级上去。

14 - 2 激光有何特性?它们是如何形成的?

答:激光的特性:方向性好,亮度高、强度大,单色性好,相干性好,偏振性好。

激光的形成是先实现粒子数反转分布,再经光学谐振腔反复放大输出。

14 - 3 如果在激光的工作物质中,只有基态和另一激发态,问能否实现粒子数反转?

答:不能。两个能级之间总是 $N_2 < N_1$。必须有两个能级以上且有亚稳态能级才能实现粒子数反转。

14 - 4 激光在医学领域中有哪些应用?

答:激光在医学领域中有:光动力疗法治癌;激光治疗心血管疾病;准分子激光角膜成形术;激光治疗前列腺良性增生;激光美容术;激光纤维内窥镜手术;激光腹腔镜手术;激光胸腔镜手术;激光关节镜手术;激光碎石术;激光外科手术;激光在吻合术上的应用;激光在口腔、颌面外科及牙科方面的应用;弱激光疗法等。

第十五章　医学影像的物理学原理

一、基本要求

1. 了解超声成像的工作方式、超声成像的分类和在医学中的应用现状。

2. 了解 X 射线计算机断层成像技术（X – CT）的成像原理以及应用前景和发展方向。

3. 了解核磁共振成像的物理学原理和在医学中的应用现状。

二、本章提要

1. 超声成像的工作方式

超声成像是用高频声波作为其成像声源，并检查人体组织结构的反射声波。

2. 超声成像的分类

利用超声成像诊断的设备种类很多，以成像类型可分为五类：

（1）一维图像显示；（2）断层显示；（3）时间 – 运动型；（4）多普勒型；（5）其他处于实验阶段的超声诊断技术，如透射型、声全息成像及综合型等。

3. 超声成像的特点

在临床应用方面，B 超可以清晰地显示各脏器及周围器官的各种断面像，由于图像富于实体感，接近于解剖的真实结构，所以应用超声可以早期明确诊断。

4. X – CT 成像物理学原理

X – CT 成像物理学原理有两个：一个是利用 X 线的特性使人体的组织、器官产生不同的衰减射线投影；另一个则是数学原理，即任何物体均可以通过其无数投影的集合重建图像。根据这两个原理，要求 CT 机应具有 X 线发生系统、信号接收系统和电子计算机处理系统。

5. 图像重建原理

6. 传统 X – CT 的扫描方式

（1）单束平移 – 旋转（T/R）方式；（2）窄扇形束扫描平移 – 旋转（T/R）方式；（3）旋转 – 旋转（R/R）方式；（4）静止 – 旋转（S/R）方式；（5）螺旋方式。

7. X – CT 成像的特点

8. MRI 成像的物理学原理

磁共振成像是利用生物体内特定原子磁性核在磁场中表现核磁共振作用而产生信号，经空间编码、重建而获得图像的一种技术。其物理基础为核磁共振理论，本质是一种能级间跃迁的量子效应。核磁共振是指某些特定的原子核在置于静磁场或称外磁场内，并受到一个适当的射频脉冲（radio frequency pulse）磁场的激励时，所出现的吸收和放出射频脉冲磁场的电磁能的现象。

9. MRI 成像的基本知识

（1）θ 角脉冲及磁共振信号。

（2）驰豫过程及其驰豫时间常数。

10. MRI 成像特点

三、思考题与习题解答

15-1　现代医学影像技术主要包括哪些？

答：医学影像技术包括普通 X 射线成像技术、数字 X 射线成像、CT 成像技术数字、血管造影技术、磁共振成像技术、超声成像技术和核医学成像技术所生成的医学图像。

15-2　医学诊断中采用的超声波频率范围是什么？

答：1～20MHz。

15-3　什么是多普勒效应？在超声成像中有什么用途？

答：当声发射源与声接收器有相对运动时，接收器所接收到的声波频率与发射频率有所不同，这一现象称为多普勒效应。超声多普勒法成像就是应用超声波的多普勒效应，从体外得到人体运动脏器的信息，进行处理和显示。

15-4　X 射线成像和超声波成像各有什么优缺点？

答：X 射线和超声波成像是当前用得较为普遍的两种检查人体的方法，经过多方研究与探索，认为对人体的危害性是它们之间的一个重要区别。就 X 射线来说，尽管现在已经显著地降低了诊断用剂量，但其危害性仍不容忽视；而从现有资料来看，目前的诊断用超声剂量还未发生任何不良反应。超声波的这一优点，致使它获得日益广泛的应用，例如，可用于眼部、心脏或孕妇腹部的检查。此外，X 射线的传播速度与照射对象无关，在传播过程中，吸收和散射是对它有影响的因素。这些特点表明，X 射线在体内沿直线传播，不受组织差异的影响，是有利的一面；不利的一面是难以有选择地对所指定的平面成像。对超声波来说，不同物质的折射率变化范围相当大，这将造成成像失真；但它在绝大部分组织内的传播速度是相近的，骨骼和含空气的组织（如肺）例外。

超声波和 X 射线的这些不同的辐射特性，确定了各自最适宜的临床应用范围。例如，超声脉冲回波法适用于腹内结构或心脏的显像，而利用 X 射线对腹部进行检查，只能显示极少的内部器官。如果采取一些特殊措施，如用 X 射线造影法，则可有选择地对特定的器官显像。对于胸腔，因肺部含有空气而不宜用超声检查，但可用 X 射线获得较为满意的图像。

15-5　为什么说声阻抗在超声成像技术中是一个重要的物理量？

答：声阻抗的变化将影响超声波的传播。声阻抗是采用反射回波法进行超声诊断的物理基础。

15-6　X-CT 的窗口技术是指什么？

答：窗口技术：CT 的图像是由 CT 值重建组成的图像，在图像矩阵中，每一个像素代表着一个灰度值，如果将所有的包含全部 CT 值范围的一幅重建图像单纯地转换成灰度信号显示在屏幕上，那它的密度分辨率是很差的，因为人眼在荧屏上的灰度分辨率一般只有 10～30 个灰度级，而 CT 图像其中包含有 2000 个左右的灰度值，为了充分利用这些信息，分辨各微小的灰度差，CT 机使用了窗口技术，通过窗口技术，把微小的 CT 值差别用明显的灰度差予以显示，也就是把对比度放大了，使感兴趣部分的 CT 值得到增强，不感兴趣的 CT 值得到压缩。这种兴趣区 CT 值调节的范围，就是窗宽。一般窗宽可以分级或连续地调节到满刻度，而兴趣区范围的平均中心就是窗位，窗位值 = ±1/2 窗宽值，9800 机窗宽范围是 2～4000，窗

位范围是 $+3071 \sim -1024$。

15 - 7　核磁共振中的核是指什么?

答：H核。

15 - 8　产生核磁共振现象的基本条件是什么?

答：核磁共振是指某些特定的原子核在置于静磁场或称外磁场内，并受到一个适当的射频脉冲(radio frequency pulse)磁场的激励时，所出现的吸收和放出射频脉冲磁场的电磁能的现象。其基本条件为自旋质子、静磁场和射频脉冲。

15 - 9　静磁场的作用有哪些?

答：静磁场亦称为外磁场，用于人体成像的磁场强度一般为 $0.02 \sim 1.5T$，将人体置于静磁场中，体内各自旋质子的自旋轴，将会依静磁场的方向重新取向，进行相互平行的组列，导致人体组织中的氢原子以纵向磁矩表现出来，并形成纵向磁化。

自测题答案

第一章

1 – 1 $(3s/2k)^{2/3}$ $\frac{1}{2}kt^{-1/2}$ $x = x_0 + \frac{2}{3}kt^{3/2}$

1 – 2 882J

1 – 3 $\sqrt{3gl}$

1 – 4 C

1 – 5 D

1 – 6 C

1 – 7 $(1)25\text{rad/s}$；$(2)39.8\text{rad/s}^2$；$(3)0.628\text{s}$

1 – 8 0.36m

1 – 9 $(1) -0.05(\text{rad} \cdot \text{s}^{-1})$；$(2)\frac{2\pi}{11}(\text{rad})$；$(3)0.2\pi(\text{rad})$

第二章

2 – 1 流速 压强

2 – 2 小 大 大 小

2 – 3 D

2 – 4 C

2 – 5 $2\text{m} \cdot \text{s}^{-1}$

2 – 6 $(1)0.75\text{m} \cdot \text{s}^{-1}$, $3\text{m} \cdot \text{s}^{-1}$；$(2)4219\text{Pa}$；$(3)3.17\text{cm}$

第三章

3 – 1 10cm $20\text{m} \cdot \text{s}^{-2}$

3 – 2 14s

3 – 3 π

3 – 4 D

3 – 5 D

3 – 6 D

3 – 7 $(1)x = 0.04\cos\left(2\pi t - \frac{\pi}{3}\right)\text{m}$；$(2)t_a = \frac{1}{6}\text{s}$、$t_b = \frac{1}{3}\text{s}$、$t_c = \frac{2}{3}\text{s}$。

3 – 8 $(1)1.57\text{m/s}$, 49.3m/s^2；$(2)t = 0.92\text{s}$, $x_1 = 0.825\text{m}$、$x_2 = 1.45\text{m}$

3 – 9 $(1)2.7 \times 10^{-3}\text{J} \cdot \text{s}^{-1}$；$(2)9 \times 10^{-2}\text{W} \cdot \text{m}^{-2}$；$(3)2.65 \times 10^{-4}\text{J} \cdot \text{m}^{-3}$

第四章

4 - 1　1.4

4 - 2　625nm

4 - 3　A

4 - 4　C

4 - 5　0.25mm

4 - 6　60°

第五章

5 - 1　D

5 - 2　3R

5 - 3　(1)20cm；(2)18cm

5 - 4　24cm,32cm。

5 - 5　$v=176.5$cm，放大的实像；$v=-44.3$cm，放大的虚像。

5 - 6　眼前0.5m处，眼前2m处。

第六章

6 - 1　相同　不同　相同

6 - 2　1：1　2：1　10：3

6 - 3　B

6 - 4　D

6 - 5　A

6 - 6　$C=1/v_0$　$v_0/2$

6 - 7　3.74×10^3J　2.49×10^3J　6.23×10^3J

6 - 8　19.72mm

第七章

7 - 1　相同　不同

7 - 2　$a\left(\dfrac{1}{V_1}-\dfrac{1}{V_2}\right)$　降低

7 - 3　B

7 - 4　(1)3279J,2033J,1246J；(2)2933J,1687J,1246J

7 - 6　(1)$2.5RT_A\ln\dfrac{T_A}{T_C}-2.5R(T_A-T_C)$，$1-\dfrac{T_A-T_C}{T_A\ln T_A/T_C}$；

(2)$\Delta S_{AB}=2.5R\ln\dfrac{T_A}{T_C}$，$\Delta S_{AC}=0$

7 - 7　(1)227℃，40%

第八章

8 – 1 $4.0 \times 10^6 \text{N/C}$; 0

8 – 2   0; $-\dfrac{q^2}{4\pi\varepsilon_0 l}$

8 – 3   C

8 – 4   C

8 – 5   A

8 – 6   (1)$\dfrac{Q^2}{8\pi\varepsilon_0}\left(\dfrac{1}{R_1} - \dfrac{1}{R_2} + \dfrac{1}{R_3}\right)$; (2)$\dfrac{Q^2}{8\pi\varepsilon_0}\dfrac{1}{R_3}$

8 – 7 $\dfrac{\lambda_1}{2\pi\varepsilon_0}\ln\dfrac{R_2}{R_1}$

8 – 8   46.24mF

第九章

9 – 1   0

9 – 2   6RIB

9 – 3 $\sqrt{\left(\dfrac{e}{m}E\right)^2 + \left(\dfrac{evB}{m}\right)^2 \sin^2\alpha}$，电子的运动轨迹是变螺距的螺旋线。

9 – 4 $\dfrac{\mu_0 ih}{2\pi R}$

第十章

10 – 1   减小

10 – 2   (1)$\oint_L \vec{E} \cdot \mathrm{d}\vec{l} = -\iint_S \dfrac{\partial \vec{B}}{\partial t} \cdot \mathrm{d}\vec{S}$ (2)$\oiint_S \vec{B} \cdot \mathrm{d}\vec{S} = 0$ (3)$\oiint_S \vec{D} \cdot \mathrm{d}\vec{S} = \sum_{S内} q$

10 – 3   A

10 – 4   B

10 – 5   (1)2.0V/m，方向由 b 指向 a；(2)1.0V，电动势方向由 b 指向 a；(3)2.0W；(4)0.50N

10 – 6 $\dfrac{\mu_0 Ib}{\pi R}\ln\dfrac{d + a/2}{d - a/2}$

第十一章

11 – 1   93m   10m   0m 2.5×10^{-7}s

11 – 2 $m = \dfrac{m_0}{\sqrt{1 - \dfrac{u^2}{c^2}}}$ $m_0 c^2\left(\dfrac{1}{\sqrt{1 - \dfrac{u^2}{c^2}}} - 1\right)$ mc^2

11 – 3   C

11 - 4　C

11 - 5　2×10^3m　B 事件比 A 事件先发生。

11 - 6　(1)3.4×10^{-14}J；(2)$2.95m_0$ 或 26.8×10^{-31}kg, 0.94c, $2.77m_0c$

第十二章

12 - 1　13.6eV

12 - 2　$\sqrt{6}\,\hbar$, $-2\,\hbar$　$\dfrac{\sqrt{3}}{2}\hbar$, $-\dfrac{\hbar}{2}$

12 - 3　C

12 - 4　C

12 - 5　3.36

12 - 6　$\lambda_1 = 657.1$nm, 巴尔末系；$\lambda_2 = 121.7$nm, 赖曼系；$\lambda_3 = 102.7$nm, 赖曼系。

模拟测试题一

一、选择题(共 30 分，每小题 3 分)

1. 一质点作简谐振动，周期为 T。质点由平衡位置向 x 轴正方向运动时，由平衡位置到二分之一最大位移这段路程所需要的时间为[   ]

A. $T/4$；   B. $T/6$；   C. $T/8$；   D. $T/12$。

2. 两个振动方向，振幅 A，频率均相同的简谐振动，每当它们经过振幅一半处时相遇，且运动方向相反，则[   ]

A. 相位差 $\Delta\varphi = \pi$，合振幅 $\mathring{A} = 0$；   B. 相位差 $\Delta\varphi = 0$，合振幅 $\mathring{A} = 2A$；

C. 相位差 $\Delta\varphi = \dfrac{2}{3}\pi$，合振幅 $\mathring{A} = A$；   D. 相位差 $\Delta\varphi = \dfrac{\pi}{2}$，合振幅 $\mathring{A} = \sqrt{2}A$。

3. 空气中有一透明薄膜，其折射率为 n，用波长为 λ 的平行单光垂直照射该薄膜，欲使反射光得到加强，薄膜的最小厚度应为[   ]

A. $\dfrac{\lambda}{4}$；   B. $\dfrac{\lambda}{2}$；   C. $\dfrac{\lambda}{4n}$；   D. $\dfrac{\lambda}{2n}$。

4. 一直径为 200mm 的玻璃球，折射率为 1.5，球内有一小气泡从最近的方向看好象在球表面和中心的中间，此气泡的实际位置[   ]

A. 在球心前方 50mm；   B. 在球心前方 100mm；

C. 在球心后方 50mm；   D. 离球面 60mm。

5. 某理想气体状态变化时，内能随压强的变化关系如图中的直线 ab 所示，则 a 到 b 的变化过程一定是

A. 等压变化；   B. 等体过程；

C. 等温过程；   D. 绝热过程。

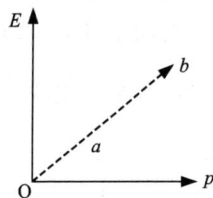

6. 长为 L 的均匀细杆 OM 绕水平 O 轴在竖直平面内自由转动，今使细杆 OM 从水平位置开始自由摆下，在细杆摆到铅直位置的过程中，其角速度 ω 和角加速度 a 如何变化？[   ]

A. ω 增大，a 减少；   B. ω 减少，a 减少；

C. ω 增大，a 增大；   D. ω 减少，a 增大。

7. 根据高斯定理 $\oint_s \vec{E} \mathrm{d}\vec{S} = \dfrac{1}{\varepsilon_0} \sum q$，下面说法正确的是[   ]

A. 通过闭合曲面的总通量仅由面内的电荷决定；

B. 通过闭合曲面的总通量为正时，面内一定没有负电荷；

C. 闭合曲面上各点的场强仅由面内的电荷决定；

D.闭合曲面上各点的场强为零时，面内一定没有电荷。

8.圆形载流线圈半径为 R，电流为 I，与 $\vec{B}$ 共面且直径与 $\vec{B}$ 夹角为 θ，则线圈所受的磁力矩大小为[　　]

A.0;　　　　　　　　　　B.$\dfrac{IB\pi R^2 \sin\theta}{2}$;

C.$\dfrac{IB\pi R^2 \cos\theta}{2}$;　　　　　D.$\dfrac{IB\pi R^2}{2}$。

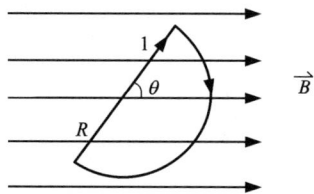

9.关于一个细长密绕螺线管的自感系数 L 的值，下列说法中错误的是:[　　]

A.通过电流 I 的值愈大 L 愈大;　　B.单位长度的匝数愈多 L 愈大;

C.螺线管的半径愈大 L 愈大;　　　　D.充有铁磁质的 L 比真空的大。

10.在氢原子中大量电子从第三激发态过渡到基态时，可发出不同波长的光谱线的数目为:[　　]

A.6 条;　　　　B.5 条;　　　　C.4 条;　　　　D.3 条。

二、填空题(共30分)

1.(本题3分)已知一波源在原点($x=0$)的平面简谐波的波动方程为 $y=A\cos(bt-cx+\varphi)$ 式中 A、b、c、φ 为正常数，则波的圆频率为_____，波速为_____，波长为_____。

2.(本题3分)正常的眼睛可以使远近不同的物体的像都成在视网膜上，而近视眼由于晶状体对光线的折光能力过_____(选填"强"或"弱")，将远处物体的像成在视网膜_____(选填"前"或"后")，因此应在眼睛前加一个_____透镜来矫正。

3.(本题4分)一瓶氧气，一瓶氢气，压强相同，温度相同。氧气的体积为氢气的2倍，则氧气和氢气分子数密度之比为_____;氧气分子与氢气分子的平均速率之比为_____。

4.(本题4分)将一质量为 m 的小球，系于轻绳的一端，绳的另一端穿过光滑水平桌面上的小孔用手拉住。先使小球以角速度 ω 在桌面上做半径为 r 的圆周运动，然后缓慢将绳下拉，使半径缩小为 $\dfrac{r}{2}$ 时，小球的角速度为_____，在此过程中小球的动能增量为_____。

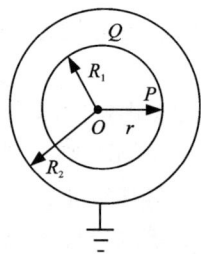

5.(本题4分)如下图所示，两个同心球壳。内球壳半径为 R_1，均匀带有电量 Q;外球壳半径为 R_2，壳的厚度忽略，原先不带电，但与地相连接。设地为电势零点，则在内球壳里面、距离球心为 r 的 P 点处电场强度的大小为_____，电势为_____。

6.(本题4分)无限长直导线在 P 处弯成半径为 R 的圆，当通以电流 I 时，则在圆心 O 点的磁感应强度大小为_____，方向为_____。

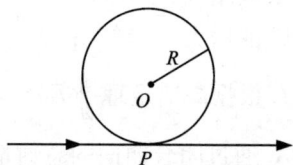

7.(本题4分)产生动生电动势的非静电力是_____，其相应的非静电性电场强度 $\vec{E}_k=$_____，产生感应电动势的非静电力是_____，激发感生电场的场源是_____。

8.(本题4分)动量为 P 的实物粒子的德布罗意波长为_____，一能量为100eV的电子的德布罗意波长为_____ nm。(取三位有效数字,已知 $h = 6.63 \times 10^{-34}$ J·s, $m_s = 9.11 \times 10^{-31}$ kg, $e = 1.60 \times 10^{-19}$ C)

三、计算题(共 40 分,每题 10 分)

1. 水在粗细不均匀的水平管中作稳定流动,出口处的截面积为管最细处的 3 倍,若出口处的流速为 $2\text{m} \cdot \text{s}^{-1}$,问最细处的压强为多少?若在此最细处开一小孔,水会不会流出来?

2. 用橙黄色的平行光垂直照射一宽为 $a = 0.60\text{mm}$ 的单缝,缝后凸透镜的焦距 $f = 40.0\text{cm}$,观察屏幕上形成的衍射条纹。若离中央明条纹中心 1.40mm 处的 P 点为一明条纹;求:

(1)入射光的波长;

(2)P 点处条纹的级数;

(3)从 P 点看,对该光波而言,狭缝处的波面可分为几个半波带?

3. 有一卡诺循环,当高温热源温度为 127℃、低温热源为 27℃ 时,循环一次作净功 5000J,今维持低温热源不变,提高高温热源温度,循环一次使净功增为 10000J。若此两循环都工作在相同的二绝热线之间,工作物质均为同质量的同种理想气体。则热源温度增为多少?效率又增为多少?

4. 由图所示,一无限大均匀带电平面,电荷面密度为 $+\sigma$,其上挖去一半径为 R 的圆孔。通过圆孔中心 O,并垂直于平面的 X 轴上有一点 P,$OP = x$。试求 P 点处的场强。

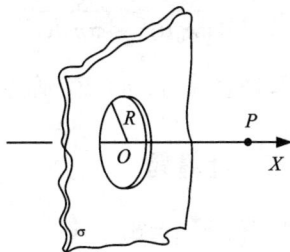

模拟测试题一答案

一、选择题

1. D 2. C 3. C 4. D 5. B 6. A 7. A 8. D 9. A 10. A

二、填空题

1. b，$\dfrac{b}{c}$，$\dfrac{2\pi}{c}$ 2. 强，前，凹   3. 1:1，1:4   4. 4ω，$\dfrac{3}{2}m\omega^2 r^2$

5. 0，$\dfrac{Q}{4\pi\varepsilon_0 R_1}-\dfrac{Q}{4\pi\varepsilon_0 R_2}$ 6. $\dfrac{\mu_0 I}{2R}-\dfrac{\mu_0 I}{2\pi R}$，垂直纸面向里

7. 洛仑兹力，$\vec{v}\times\vec{B}$，感生电场力，变化的磁场   8. $\dfrac{h}{P}$，0.123

三、计算题

1. 解：$S_1 v_1 = S_2 v_2$ $v_2 = 6(\mathrm{m\cdot s^{-1}})$ (3分)

$$P_1 + \frac{1}{2}\rho v_1^2 = P_2 + \frac{1}{2}\rho v_2^2$$ (2分)

$$1.013\times10^5 + \frac{1}{2}\times10^3\times2^2 = P_2 + \frac{1}{2}\times10^3\times6^2$$

$$P_2 = 85.3\mathrm{kPa}$$ (2分)

最细处压强为85.3kPa，因为 $P_2 < P_0$，所以水不会流出来。   (3分)

2. 解：(1)由细纹条件 $a\sin\theta = \pm(2k+1)\dfrac{\lambda}{2}(k=1,2,3,\cdots)$ (2分)

$$a\frac{x}{f} = (2K+1)\frac{\lambda}{2}   \lambda = \frac{2ax}{(2k+1)f} = \frac{4200}{2k+1}(\mathrm{nm})$$ (3分)

因为是橙黄色的可见光，所以 $k=3$ $\lambda = 600(\mathrm{nm})$ (2分)

(2) P 点处条纹的级数为3。   (1分)

(3) 从 P 点看，对该光波而言，狭缝处的波面可分为7个半波带。   (2分)

注：当 $k=4$ $\lambda = 467\mathrm{nm}$ 级数为4，9个半波带也不扣分

3. 解：$\eta = 1 - \dfrac{T_2}{T_1} = 1 - \dfrac{300}{400} = 25\% = \dfrac{W}{W+Q_{放}}$ $Q_{放} = 15000(\mathrm{J})$ (4分)

同理 $\eta' = \dfrac{W'}{W'+Q'_{放}}$

因两循环都工作在相同的二绝热线之间，所以 $Q'_{放} = Q_{放} = 15000(\mathrm{J})$ (2分)

$$\eta' = \frac{10000}{10000+15000}\times100\% = 40\%   \eta' = (1-\frac{T_2}{T'_1})\times100\% = 40\%$$ (2分)

$$T'_1 = 500\text{K} = 227(\text{℃}) \qquad\qquad (2\,\text{分})$$

也可不算 $Q_{放}$ 直接由 $\dfrac{W}{Q_{放}} = \dfrac{T_1 - T_2}{T_2}$ 和 $\dfrac{W'}{Q'_{放}} = \dfrac{T'_1 - T_2}{T_2}$ $\qquad Q'_{放} = Q_{放}$ $\qquad$ (各 2 分)

解得 $T'_1 = T_2 + \dfrac{W'}{W}(T_1 - T_2) = 300 + \dfrac{10000}{5000} \times 100 = 500\text{K} = 227(\text{℃})$ $\qquad$ (2 分)

$$\eta' = 1 - \frac{T_2}{T'_1} = 40\% \qquad\qquad (2\,\text{分})$$

4. 解：取一细圆环带，其半径为 $r(r > R)$，带宽为 $\mathrm{d}r$，则圆环带的面积为 $\mathrm{d}S = 2\pi r \mathrm{d}r$，其上带电量为

$$\mathrm{d}q = \sigma \mathrm{d}s = \sigma 2\pi r \mathrm{d}r \qquad\qquad (2\,\text{分})$$

应用已恬的带电细圆环在轴线上的场强公式，可得该圆环带在轴线上 P 点产生的电场方向沿轴线方向，大小为

$$\mathrm{d}E = \frac{\sigma 2\pi r \mathrm{d}r x}{4\pi\varepsilon_0 (x^2 + r^2)^{3/2}} \qquad\qquad (4\,\text{分})$$

因此，该系统在 P 点产生的总场强大小为

$$E = \int \mathrm{d}E = \int_R^\infty \frac{\sigma 2\pi r \mathrm{d}r x}{4\pi\varepsilon_0 (x^2 + r^2)^{3/2}} = \frac{\sigma x}{2\varepsilon_0 \sqrt{R^2 + x^2}} \qquad\qquad (4\,\text{分})$$

模拟测试题二

一、选择题(共 24 分，每小题 3 分)

1. 日常自来水管内径为 $d = 0.0254\mathrm{m}$，已知：水在一标准大气压下，20℃时的黏滞系数 $\eta = 1.0 \times 10^{-3}\mathrm{Pa \cdot s}$，水的密度取 $p = 1.0 \times 10^{3}\mathrm{kg/m^3}$，管内平均流速 $v = 6 \times 10^{-2}\mathrm{m/s}$ 时，流体将作[   ]

A. 湍流   B. 层流

C. 既作层流，也作湍流   D. 不能稳定流动

2. 波长为 500nm 的单色光垂直照射到宽度为 0.25mm 的单缝上，单缝后面放置一凸透镜，在凸透镜的焦平面上放置一屏幕，用以观察衍射条纹。今测得屏幕上中央条纹一侧第三个暗条纹和另一侧第三个暗条纹之间的距离为 12mm，则凸透镜的焦距为[   ]

A. 2m   B. 1m   C. 0.5m   D. 0.2m

3. 理想气体绝热地向真空膨胀，其温度和熵变为[   ]

A. 二者均减少   B. 二者均不变

C. 温度不变，熵增加   D. 温度降低，熵增加

4. 图中 MN 为某理想气体的绝热曲线，ABC 是任意过程，箭头方向表示过程进行的方向，ABC 过程结束后气体的温度和吸收的热量为[   ]

A. 温度升高，吸热为正

B. 温度升高，吸热为负

C. 温度降低，吸热为正

D. 温度降低，吸热为负

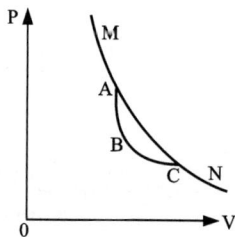

5. 静电场的环路定理 $\oint_l \vec{E} \cdot d\vec{l} = 0$，说明了静电场的哪些性质[   ]

(1)电力线不是闭合曲线   (2) 库仑力是保守力

(3)静电场是有源场   (4) 静电场是保守场

A. (1)(3)   B. (2)(3)   C. (2)(4)   D. (1)(4)

6. 半径为 R 的半圆形线圈，通有电流 I，处于匀强磁场 B 中，当线圈平面与磁场方向平行(如图所示)时，线圈的磁矩和它所受磁力矩的大小分别是[   ]

A. $\pi R^2 I/2$，$\pi R^2 IB/2$ B. $\pi R^2 I$，$\pi R^2 IB$

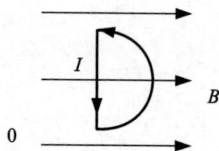

C. $\pi R^2 I/2, 0$ 　　　　　　　　　　　D. $\pi R^2 I, 0$

7. 用 X 射线照射物质时，可以观察到康普顿效应，即在偏离入射光的各个方向上观察到散射光，这种散射光中[　　]

A. 只包含有与入射光波长相同的成分。

B. 既有与入射光波长相同的成分，也有波长变长的成分，波长的变化只与散射方向有关，与散射物质无关。

C. 既有与入射光波长相同的成分，也有波长变长的成分和波长变短的成分，波长的变化与散射方向有关，也与散射物质有关。

D. 只包含有波长变长的成分，其波长的变化只与散射物质有关与散射方向无关。

8. 氢原子处于 3d 量子态的电子，描述其量子态的四个量子数 (n, l, m_l, m_s) 可能的取值为[　　]

A. $(3, 0, 1, -\frac{1}{2})$ 　　　　　　B. $(1, 1, 1, -\frac{1}{2})$

C. $(2, 1, 2, \frac{1}{2})$ 　　　　　　D. $(3, 2, 0, \frac{1}{2})$

二、填空题(共 26 分)

1. (本题 4 分)水在水平管中做稳定流动，管半径为 3.0cm 处的流速为 1.0m·s⁻¹，那么在管中半径为 1.5cm 处的流速为_____，两处的压强差为_____。(已知水的密度为 10^3 kg·m⁻³)

2. (本题 3 分)为测定音叉 C 的频率，另选取两个频率已知而且和音叉 C 频率相近的音叉 A 和 B，音叉 A 的频率为 400Hz，B 的频率为 397Hz。若使 A 和 C 同时振动，则每秒听到声音加强 2 次;再使 B 和 C 同时振动，每秒可听到声音加强 1 次，由此可知音叉 C 的振动频率为_____Hz。

3. (本题 3 分)用波长为 400～760nm 的白光照射衍射光栅，其衍射光谱的第 2 级和第 3 级重叠，则第 2 级光谱被重叠部分的波长范围是_____。

4. (本题 3 分)双缝干涉装置如图所示，双缝与屏之间的距离 $D = 1.2$m，两缝之间的距离 $d = 0.5$mm，用波长 $\lambda = 500$nm 的单色光垂直照射双缝。

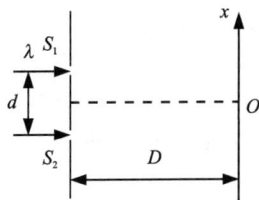

(1)原点 O(零级明纹所在处)上方的第五级明纹的坐标 $x = $_____。

(2)如果用透明薄膜覆盖在图中的 S_1 缝后，零级明纹将向_____移动。

5. (本题 3 分)吹一个直径为 10cm 的肥皂泡，设肥皂泡的表面张力系数 $a = 4.0 \times 10^{-2}$ N·m⁻¹，吹此肥皂泡所做的功为_____。

6. (本题 4 分)静电场与感生(涡旋)电场的异同点有:

相同点:_____,

不同点:_____

_____

_____。

7.(本题3分)如图所示,电流从 a 点分两路通过对称的圆环形分路,汇合于 b 点. 若 ca、bd 都沿环的径向,则在环形分路的环心处的磁感应强度_____。

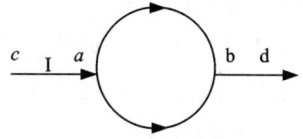

8.(本题3分)电荷线密度为 λ_1 的无限长均匀带电直线,其旁垂直放置电荷线密度为 λ_2 的有限长均匀带电直线 AB,两者位于同一平面内,则 AB 所受静电作用力的大小 $F = $ _____。

三、计算题(共40分,每题10分)

1.在高处自由下落一个物体,质量为 m,空气阻力为 $-kv^2$,落地时速度为 v_m,问物体从多高处落下?

2.一列机械波沿 X 轴正方向传播,$t = 0s$ 时的波形如图所示,已知波速为 $10\text{m} \cdot \text{s}^{-1}$,波长为 $2m$,求:

(1)波动方程;

(2)P 点的坐标;

(3)P 点回到平衡位置所需最短时间。

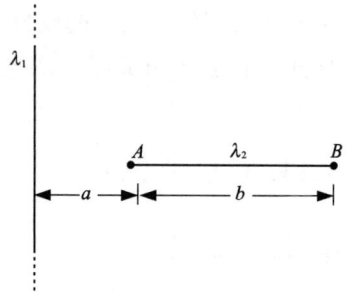

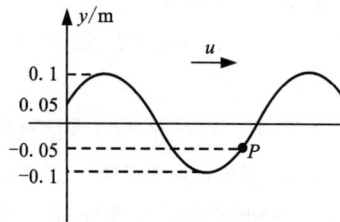

3.简约眼如图所示,试求:(1)焦度;(2)像方焦距;(3)远点的位置;(4)此人属于何种屈光不正? (5)为使之正常,应配戴多少屈光度的眼镜?

4.真空中,半径为 R_1 的导体球外套一个内外半径分别为 R_2、R_3 的导体球壳,当内球带电荷 $+Q$、导体球壳不带电时,求:

(1)电场强度的分布;

(2)球心的电势。

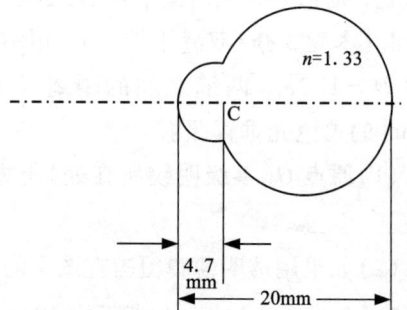

四、证明题(10分)

理想气体由初态 (p_0, V_0) 经绝热膨胀至末态 (p, V),试证明这过程中气体所做的功为 $W = (p_1V_1 - pV)/(r-1)$。

模拟测试题二参考答案

一、选择题

1.B 2.B 3.C 4.D 5.C 6.A 7.B 8.D

二、填空题

1. $4\text{m}\cdot\text{s}^{-1}$, $7.5\times10^{3}\text{Pa}$;　　　　2. 398Hz;　　　　　3. $600\sim760\text{nm}$;

4. 6mm, 上;　　　　　　　　5. $2.512\times10^{-3}\text{J}$;

6. 具有电能和对电荷有力的作用,

产生原因不同:静电场由静止电荷产生,感生电场由变化的磁场产生

性质不同:静电场有源无旋,感生电场无源有旋

7. 0;　　　　　　8. $F=\dfrac{\lambda_1\lambda_2}{2\pi\varepsilon_0}\ln\dfrac{a+b}{a}$。

三、计算题

1. 解:以落点为原点,向下为正,运动方程为　　　$m\dfrac{\mathrm{d}v}{\mathrm{d}t}=mg-kv^2$　　　　（3分）

作变量替换,有　　　　　　　　$mv\dfrac{\mathrm{d}v}{\mathrm{d}y}=mg-kv^2$　　　　　（2分）

即有　　　　　　　　$\displaystyle\int_0^{v_m}\dfrac{mv\mathrm{d}v}{mg-kv^2}=\int_0^h\mathrm{d}y$　　　　　（3分）

积分后,有　　　　　　　　$h=\dfrac{m}{2k}\ln\dfrac{mg}{mg-kv_m^2}$　　　　　（2分）

2. 解:(1)设波动方程为 $y=A\cos\left[\omega\left(t-\dfrac{x}{u}\right)+\varphi\right]$

$A=0.1\text{m}$, $T=\dfrac{\lambda}{u}=0.2\text{s}$, $\omega=2\pi v=2\pi\dfrac{u}{\lambda}=10\pi$

由图可知 $x=0$ 处质点初始时运动状态为最大位移一半且向负方向运动,则 $\varphi=\dfrac{\varphi}{3}$

波动方程为 $y=0.1\cos\left[10\pi\left(t-\dfrac{x}{10}\right)+\dfrac{\pi}{3}\right]\text{m}$　　　　（5分）

(2)由图可知 P 处质点初始时运动状态为负最大位移一半且向负方向运动,

因 $0<\varphi_0-\varphi_p<2\pi$,所以 $\varphi_p=\dfrac{2\pi}{3}-2\pi$

$$-\pi x_p+\dfrac{\pi}{3}=\dfrac{2\pi}{3}-2\pi,\ x_p=\dfrac{5}{3}(\text{m})$$　　　　（3分）

(3) $10\pi t_{\min} = \dfrac{3\pi}{2} - \dfrac{2\pi}{3}$，$t_{\min} = \dfrac{1}{12}(\mathrm{s})$ 　　　　　　　　　　　　　（2分）

3. 解：$\dfrac{n_1}{u} + \dfrac{n_2}{v} = \dfrac{n_2 - n_1}{r} = \phi$

(1) $\phi = \dfrac{1.33 - 1}{4.7 \times 10^{-3}} = 70.2(\mathrm{D})$ 　　　　　　　　　　　　　（2分）

(2) $\dfrac{1}{\infty} + \dfrac{1.33}{f_2} = \dfrac{1.33 - 1}{4.7}$ 　　　　　　　　　　　　　（2分）

解得 $f_2 = 18.9(\mathrm{mm})$

(3) $\dfrac{1}{u} + \dfrac{1.33}{20} = \dfrac{1.33 - 1}{4.7}$ 　　　　　　　　　　　　　（2分）

解得　$u = 270(\mathrm{mm})$

(4) 此人属于屈光过强，近视

(5) $\dfrac{1}{\infty} + \dfrac{1}{-0.27} = \phi$

解得 $\phi = -3.7(\mathrm{D}) = -370(度)$ 　　　　　　　　　　　　　（2分）

4. 解：(1) 由导体处于静电平衡时电荷分布，有半径 R_1 导体球面上均匀分布有电荷 $+Q$，导体球壳半径为 R_2 的内球面均匀分布有电荷 $-Q$，半径为 R_3 的外球面均匀分布有电荷 $+Q$；

由高斯定理：$\oint_s \vec{E} \cdot d\vec{S} = \sum q_i / \varepsilon_0$，可知场分布为

$$r < R_1,\ E \cdot 4\pi r^2 = 0 / \varepsilon_0 \qquad 得：E = 0 \qquad （2分）$$

$$R_1 < r < R_2,\ E \cdot 4\pi r^2 = Q / \varepsilon_0 \qquad 得：E = \dfrac{Q}{4\pi\varepsilon_0 r^2} \qquad （2分）$$

$$R_2 < r < R_3,\ E \cdot 4\pi r^2 = 0 / \varepsilon_0 \qquad 得．E - 0 \qquad （2分）$$

$$r > R_3,\ E \cdot 4\pi r^2 = Q / \varepsilon_0 \qquad 得：E = \dfrac{Q}{4\pi\varepsilon_0 r^2} \qquad （2分）$$

(2) 　　　　　$$U = \dfrac{Q}{4\pi\varepsilon_0}\left(\dfrac{1}{R_1} - \dfrac{1}{R_2} + \dfrac{1}{R_3}\right) \qquad （2分）$$

四、证明：

绝热过程作功为

$$W_w = -\Delta E = -\mu C_V (T - T_1) = \dfrac{i}{2}\mu R(T_1 - T) \qquad （5分）$$

$\gamma = \dfrac{i+2}{i}$，$i = \dfrac{2}{\gamma - 1}$，且 $PV = \mu RT$，故

$$W_w = \dfrac{i}{2}(\mu RT_1 - \mu RT) = \dfrac{P_1 V_1 - PV}{\gamma - 1} \qquad （5分）$$

图书在版编目(CIP)数据

医用物理学学习指导 / 李旭光,谢定主编. —长沙:
中南大学出版社,2012.6(2022.5 重印)

ISBN 978 - 7 - 5487 - 0540 - 6

Ⅰ. ①医… Ⅱ. ①李… ②谢… Ⅲ. ①医用物理学—
高等学校—教学参考资料 Ⅳ. ①R312

中国版本图书馆 CIP 数据核字(2012)第 127085 号

医用物理学学习指导

李旭光　谢　定　主编

□**责任编辑**	陈应征
□**责任印制**	唐　曦
□**出版发行**	中南大学出版社
	社址:长沙市麓山南路　　　　邮编:410083
	发行科电话:0731 - 88876770　　传真:0731 - 88710482
□**印　　装**	长沙鸿和印务有限公司

□**开　　本**	787 mm × 1092 mm 1/16	□**印张** 9.75	□**字数** 237 千字
□**版　　次**	2012 年 6 月第 1 版	□**印次** 2022 年 5 月第 3 次印刷
□**书　　号**	ISBN 978 - 7 - 5487 - 0540 - 6
□**定　　价**	32.00 元